FUNDAMENTALS AND APPLICATIONS
OF NANOMETROLOGY

施玉书 陈鹰 等著

纳米计量

基础与应用

U0261485

化学工业出版社

·北 京·

内容简介

本书是介绍纳米计量的发展现状、相关技术及其在多个产业中应用的一本技术专著，来源于笔者及所在实验室同仁们在纳米计量领域的研究工作。本书以纳米计量为主线，主要包括技术和应用两大部分。在技术部分主要介绍了纳米计量的基本内容以及涉及的纳米检测技术；在应用部分主要选取纳米计量在先进制造产业、生物医药产业、微电子与集成电路产业的典型应用进行介绍。本书通过对纳米计量的基本内容与应用进行介绍得以传承计量文化，普及计量知识，使读者对纳米计量这一小众学科的基础研究有所了解，对我国纳米计量体系有系统、准确的认识。

本书重点介绍了我国自主研发的纳米计量测量仪器的技术指标（已基本达到了国际先进水平），自主研发的纳米几何特征参量标准器及标准物质，同时分享了纳米计量在先进制造、生物医药、微电子与集成电路产业的多个典型应用示范。

本书不仅适合纳米计量相关的工程技术人员参考，也供高等学校仪器科学与技术专业及相关专业师生参阅。

图书在版编目（CIP）数据

纳米计量基础与应用/施玉书等著．—北京：化学工业出版社，2022.6（2024.11重印）
ISBN 978-7-122-41768-8

Ⅰ．①纳…　Ⅱ．①施…　Ⅲ．①纳米技术－应用－计量－研究　Ⅳ．①TB9

中国版本图书馆CIP数据核字（2022）第107139号

责任编辑：卢萌萌　李艳艳
文字编辑：王云霞
责任校对：杜杏然
装帧设计：史利平

出版发行：化学工业出版社
　　　　　（北京市东城区青年湖南街13号　邮政编码100011）
印　　装：涿州市般润文化传播有限公司
787mm×1092mm　1/16　印张11　字数250千字
2024年11月北京第1版第2次印刷

购书咨询：010-64518888
售后服务：010-64518899
网　　址：http://www.cip.com.cn
凡购买本书，如有缺损质量问题，本社销售中心负责调换。

《纳米计量基础与应用》
著者人员名单

施玉书	陈 鹰	王琛英	张 树
郝玉红	王云祥	魏 纯	曹 丛
王 芳	胡佳成	陶 磊	郭 鑫
余茜茜	高 洁	严杰文	方 丹
厉艳君	王 珉	周 森	皮 磊
周 莹	魏文龙	张易军	张欣宇
朱建荣	吴立敏		

序言

"Ultimately—in the great future—we can arrange the atoms the way we want; the very atoms, all the way down! What would happen if we could arrange the atoms one by one the way we want them."

——Richard Phillips Feynman

或许鲜有人知，正是20世纪50年代物理学家理查德·菲利普·费曼关于"为何不能以人的意志去安排一个个看不见的原子，而那时又将会产生怎样的奇迹呢？"这一伟大的"狂想"，成了人类文明第一次轻轻叩响纳米领域未知大门的契机。1981年，第一台扫描隧道显微镜问世，1990年第一届国际纳米科学技术会议召开，2017年冷冻电镜技术获诺贝尔化学奖。这一伟大的"狂想"在不停推动着纳米科学技术与产业形态的发展。

纳米计量是支撑纳米科技发展的基石。随着几何关键尺寸的不断缩小以及结构复杂程度的提升，新兴的纳米计量学正面临着极大的挑战。我国一直高度重视纳米科技基础及应用研究，党的十八大以来，在国家层面连续发布了多项指导纲要文件，在《纳米研究国家重大科学研究计划"十二五"专项规划》首次提出"将纳米研究确立为国家重大科学研究方向，通过顶层设计、统一协调的方式推进了纳米技术的产业化进程"，并在《"十三五"材料领域科技创新专项规划》中进一步指出"着力解决纳米材料产业面临的共性问题，优化核心纳米材料的生产工艺"，《"十四五"市场监管科技发展规划》中着重提到"开展量子计量基标准、量子传感、芯片尺度计量等前沿技术研究……研究片上纳米几何量与电学参数等先进制造领域关键计量技术"，为加强国家质量基础设施技术体系建设和科技创新提供了坚实的基础性保障；在国家重点研发计划中首次设立"国家质量技术基础共性技术研究与应用"重点专项（NQI专项），聚焦产业转型升级、保障民生等国家重大需求，突破基础性、公益性和产业共性的NQI技术瓶颈。

"十三五"期间，中国计量科学研究院联合西安交通大学、上海市计量测试技术研究院等单位，承研了NQI重点专项项目"纳米几何特征参量计量标准器研究及应用示范"，研制了系列纳米几何特征参量计量标准器及标准物质，填补了国内空白，建立并完善了从国家到地方直至产业的全链条全覆盖的纳米量值传递体系，面向集成电路、国防军工、先进制造和生物医药等典型产业开展了应用示范，从根本上解决了我国纳米计量标准器缺失和量传体系与产业脱节问题，打破了国外垄断，提升了国际竞争力。

正如东汉思想家王符在《潜夫论·赞学》中所写："索物于夜室者，莫良于火；索道于当世者，莫良于典。"随着70年前费曼在人类未曾涉足的探索道路上为人类点亮了第一团拨开纳米领域神秘面纱的火焰，而后众多的学者上下求索，经过几十年的发展，纳米科技变成了一个庞大且繁杂的学科，而"典"对于后来者的学习、传承与创新则显得格外重要。由施玉书博士等著写的《纳米计量基础与应用》是我国第一本系统论述纳米计量相关技术及应用的科学书籍。该书围绕我国建立的纳米计量体系以及NQI项目科研成果与应用实践，介绍了纳米领域的国家计量基标准与标准物质以及在重点产业的数十个应用案例，内容丰富翔实，是凝聚了全体编委、撰稿人、审稿人的心血之作。常言人是探索未知道路上的行者，那"典"定是前行道路上留下的足迹。

相信这本书的出版将有助于我国纳米及相关领域的科研工作者全面了解我国纳米计量体系，掌握纳米计量的基础知识并从中得到启迪。望以此书的出版可作为良好开端，为我国纳米计量学的完整建立奠定扎实的理论与实践基础，也深切期许未来会有更多的专业人员能够加入纳米计量领域，共同为我国纳米科技的发展和创新贡献出一份力量，为实现中华民族伟大复兴的中国梦而持之以恒地奋斗，在此衷心祝愿各位行者：创新未有穷期，索道永不言止！

蒋庄德

中国工程院院士

前言

　　纳米科学是在纳米尺度（从原子、分子到亚微米尺度之间）上研究物质的相互作用、组成、特性与制造方法的科学。它汇聚了现代多学科领域在纳米尺度的焦点科学问题，促进了多学科交叉融合，孕育着众多的科技突破和原始创新机会。同时，纳米科技对高新技术的诞生，对我们的生产、生活也将产生巨大的影响。从20世纪80年代开始，纳米科技引起了人们的广泛关注。2000年，美国率先发布了"国家纳米技术计划（NNI）"，掀起了国际纳米科技研究热潮。中国高度关注纳米科技发展，与国际同步进行了布局，于2000年成立了国家纳米科学技术指导协调委员会，在《国家中长期科学和技术发展规划（2006—2020年）》中部署了纳米科技作为重大科学研究计划。这些措施极大地推动了中国纳米科技的发展。

　　在过去二十年间，纳米科技在世界范围得到了很大的发展，对人类社会生活进步产生了巨大影响。纳米科学研究和技术应用已经遍布材料与制造、电子与信息技术、能源与环境、医学与健康领域。纳米计量是纳米产业发展的基础，纳米几何特征参量计量标准器作为实现纳米量值从国家计量基准传递到纳米产业的关键载体，是纳米量值传递体系中至关重要的一环。中国计量科学研究院联合高等院校，研制了一维、二维栅格和线宽等几何特征参量计量标准器，实现了高精度定值、校准和溯源，并基于全国先进省市级计量技术机构建立了从国家到地方直至产业的全链条、全覆盖的纳米几何量值传递体系，面向集成电路、国防军工、先进制造和生物医药等典型产业展开应用示范，从根本上解决了我国纳米计量标准器缺失和量传体系与产业脱节的问题，打破国外垄断，提升了产品质量和国际竞争力。

　　本书对我国纳米计量体系进行了基本介绍，首先是基于扫描探针法、电子束显微法与光学法等不同测量原理多台量值溯源至米定义国际单位制（SI）单位的计量装置，其次是纳米几何特征参量计量标准器，最后基于标准器在纳米产业密集地区广泛建立纳米计量标准，形成了覆盖全国的纳米几何量值传递体系。

　　第1章简单回顾了科技创新、纳米科技、纳米计量等方面的国家战略，由科技创新到纳米科技再到纳米计量。

第 2 章围绕纳米计量是通过不间断溯源链将几何量测量结果与国际单位制基本单位建立联系的特点，首先介绍了纳米量值溯源与传递的过程以及纳米计量技术的发展，然后着重介绍了我国现有的纳米几何量计量体系，包括建立的纳米计量标准装置和研制的纳米几何量标准器或标准物质。

第 3 章集中介绍了纳米计量体系中覆盖的多种检测技术的工作原理。主要包括光学显微成像技术、扫描探针显微技术、电子束显微技术、电学测微技术等。读者可通过这一章学习到纳米计量检测技术的基本原理。

第 4 章至第 6 章依托国家重点研发计划"纳米几何特征参量计量标准器研究及应用示范"（项目编号 2018YFF0212300），总结了 40 多个服务先进制造产业、生物医药产业、微电子与集成电路产业中的相关企业的典型案例，为读者进行科学研究提供经验参考。

展望未来，我们需要实现对纳米尺度基础研究的突破，需要加快填补基础与应用之间的沟壑，满足更多来自国防军工、先进制造与生物医药等领域的重大需求。希望通过我们的共同努力，纳米科技能实现更多原创性突破，更多应用成果开花结果、落地生根，服务国家、造福人民，为中国早日成为世界科技强国做出应有的贡献。

著　者

目录

第 5 章　**生物医药产业应用示范** ——————————— **101**

第 6 章　微电子与集成电路产业应用示范 ——————— **135**

第1章 绪论

　　科学技术是第一生产力，是先进生产力的集中体现和主要标志。进入 21 世纪，新科技革命迅猛发展，正孕育着新的重大突破，将深刻地改变经济和社会的面貌。科学技术应用转化的速度不断加快，造就新的追赶和跨越机会。纵观全球，许多国家都把强化科技创新作为国家战略，党的十九届五中全会确立了创新在我国现代化建设全局中的核心地位，把科技自立自强作为国家发展战略支撑，摆在各项规划任务的首位，进行专章部署。《中华人民共和国国民经济和社会发展第十三个五年规划纲要》（简称"十三五"规划）中，明确提出实施创新驱动发展战略，要强化科技创新引领作用，推动战略前沿领域创新突破；《中华人民共和国国民经济和社会发展第十四个五年规划和 2035 年远景目标纲要》指出坚持创新驱动发展，全面塑造发展新优势。从十八大提出创新驱动发展战略，到十九大提出创新是引领发展的第一动力，再到十九届五中全会提出加快建设科技强国，中央对于科技创新的谋划部署既一脉相承，又与时俱进。

　　近年来，我国把科技投资作为战略性投资，大幅度增加科技投入，并超前部署和发展前沿技术及战略产业，实施重大科技计划，着力增强国家创新能力和国际竞争力。面对国际新形势，我们国家更加坚定地把科技进步作为经济社会发展的首要推动力量，把提高自主创新能力作为调整经济结构、转变增长方式、提高国家竞争力的中心环节，把建设创新型国家作为面向未来的重大战略选择。习近平总书记在中央全面深化改革委员会第十八次会议上强调，坚决破除影响和制约科技核心竞争力提升的体制机制障碍，加快攻克重要领域"卡脖子"技术，有效突破产业瓶颈，牢牢把握创新发展主动权。要围绕畅通经济循环深化改革，在完善公平竞争制度、加强产权和知识产权保护、激发市场主体活力、推动产业链供应链优化升级、建设现代流通体系、建设全国统一大市场等方面推出更有针对性的改革举措。而纳米技术尤其是纳米几何量计量技术作为科技创新的重要手段和高新产业的质量基础，已经在新材料、航空航天、生物医药、智能制造等领域得到越来越广泛的运用，如半导体集成电路、场致发光器件、纳米药物、生物传感器、纳米医疗器械、太阳能光伏电池、燃料电池、光刻及纳米压印设备制造等。随着"中国制造 2025""一带一路"

等国家重大战略的深入推进，纳米几何量计量技术的应用更将成为推动中国制造转型升级、与沿线国家合作互补的重要力量。

纳米科技主要研究的是尺度在 $1 \sim 100nm$ 之间的极小物体，是由物理学、化学、生物学以及电子学等各个学科交叉形成的新兴学科。以纳米科技为基础的纳米产业是全球新一轮科技革命和产业革命的核心，是各国抢占的战略制高点。在如此小的尺度上，材料的物理、化学和生物学特性跟宏观尺度的物体相比，通常有巨大的差异。物质在纳米尺度下表现出的奇异现象和规律将改变相关理论的现有框架，使人们对物质世界的认识进入崭新的阶段，孕育着新的技术革命，给材料、信息、绿色制造、生物和医学等领域带来极大的发展空间。纳米科技已成为许多国家提升核心竞争力的战略选择，也是我国有望实现跨越式发展的领域之一。

纳米计量检测技术是对纳米级尺度上的各种结构进行测量，是纳米科技发展的基础。只有测得准，才能造得精。根据国务院《计量发展规划（2013—2020年）》有关部署，到2020年，我国要突破一批关键测试技术，提升一批国家计量基标准、社会公用计量标准的服务和保障能力，推动科技进步，促进经济社会和国防建设发展。其中明确提出将纳米计量技术研究作为计量科技基础研究重点项目。党的十九届五中全会审议通过的《中共中央关于制定国民经济和社会发展第十四个五年规划和二〇三五年远景目标的建议》中明确指出"完善国家质量基础设施，加强标准、计量、专利等体系和能力建设，深入开展质量提升行动"。纳米计量检测技术重点在于通过不间断溯源链将几何量测量结果与SI单位（国际单位制基本单位）建立联系，给出该结构的参数数值、测量不确定度以及量值溯源性，实现量值统一、准确可靠。纳米计量检测技术主要包括纳米几何特征参量的测量、纳米级表面形貌的测量，以及纳米级物理、化学性质的测量等。

我国纳米计量溯源体系的源头由中国计量科学研究院建立，已建立的纳米计量标准装置包括：纳米几何结构标准装置、毫米级纳米几何结构样板校准装置、微纳米样板校准装置、纳米薄膜厚度校准装置等。已成功研制的纳米计量标准器/标准物质有：一维纳米栅格、二维纳米栅格、纳米线宽、纳米台阶或沟槽、薄膜厚度、纳米颗粒、纳米晶格等。

纳米计量技术已广泛应用于信息技术行业如半导体集成电路、场致发光器件，生物医药行业如纳米药物、生物传感器、纳米医疗器械，能源环境行业如太阳能光伏电池、燃料电池、$PM_{2.5}$ 检测仪，以及装备制造行业如光刻及纳米压印等设备的制造中，产生了显著的经济社会效应。

第2章 纳米计量

"计量"古时称"度量衡"，早在秦朝我国实行中央集权制度，就颁布了"统一度量衡"诏书，度量衡包含测量单位、测量工具（器具）、测量方法以及相关法律制度等。新中国成立后，我国政府将"度量衡"更名为"计量"，其应用范围更加广泛，功能和作用更加全面，不仅与科学发现、科学技术研究密切相关，还与知识形成、国家治理、生产力发展、生活质量提高、文化繁荣、社会文明等人类活动的各个方面休戚与共、相伴而生。

计量的本质特征是测量，是为保证单位统一、量值准确可靠地测量，但又不等同于测量，除了要提供纳米级甚至亚纳米级测量精度，还必须有法制管理，是技术和管理的结合体。它涉及整个测量领域，它对整个测量领域起指导、监督、保证和仲裁作用。广义而言，计量包括建立计量基准、标准，确定计量单位制，进行计量监督管理。

纳米计量是指在纳米尺度范围内，通过不间断溯源链将测量结果与 SI 单位（国际单位制基本单位）建立联系，实现量值统一、准确可靠。美国国家标准与技术研究院（NIST）关于纳米计量学的定义是测量纳米级或更小物体尺寸或确定性的科学。关于纳米校准技术的定义是为具有纳米精细度的仪器装置和实物标准提供校准服务的技术，并在量值上为这些仪器以纳米级不确定度水平溯源至米定义提供技术手段。随着精密制造、微机电系统（micro electro mechanical systems，MEMS）、半导体集成电路等行业的飞速发展，纳米几何结构尺寸的计量需求大大增加，国际计量委员会长度咨询委员会（CIPM/CCL）纳米工作组（WG-N）对纳米几何量计量有了专门的定义，纳米几何量计量是对范围在 1 ~ 1000nm 的物体特征、间距、位移进行测量的科学与实践。并且规定了 5 个重要的纳米几何量纳米标准（图 2-1），

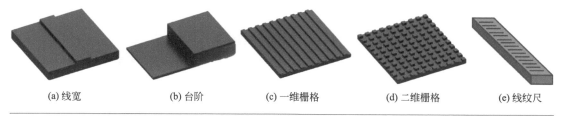

(a) 线宽　　　　(b) 台阶　　　　(c) 一维栅格　　　　(d) 二维栅格　　　　(e) 线纹尺

图 2-1　5 个重要的纳米几何量纳米标准

包括线宽、台阶、一维栅格、二维栅格、线纹尺，组织了 5 种类型纳米样板的关键量国际比对。

2.1 ▶ 纳米计量的溯源与传递

量值传递与溯源是计量工作最主要的任务之一，是保证量值准确一致的重要手段，它为工农业生产、国防建设、科学实验、国内外贸易、环境保护以及人民生活等各个领域提供了计量保证。

任何计量器具都具有不同程度的误差，如果没有国家计量基准、计量标准及进行量值传递或溯源，计量工作将无法进行。对于计量器具必须用适当等级的计量标准来确认其示值或其他计量性能。

2.1.1　纳米量值的溯源

纳米测量的溯源性是实现测量结果准确可靠和技术标准化的前提。纳米作为长度单位，可直接溯源至米定义 SI 国际单位。

18 世纪末，法国科学院受法国国民议会委托后提出"米制"概念，把通过巴黎天文台的地球子午线长度的四千万分之一定义为"米"。1792 ～ 1798 年，科学家在西班牙的巴塞罗那和法国的敦刻尔克之间进行三角测量，历时 6 年得出通过巴黎天文台的地球子午线从赤道到地极点的距离，并以它的千万分之一（相当于地球子午线的四千万分之一）作为 1m 的长度，于 1799 年用铂金制成横截面积为 25.3mm×4.05mm 的矩形端面基准米尺，米尺两端面间的距离即为 1m。保存在法国档案局，所以称为"档案米尺"（meter des archives），又名"阿希夫米尺"。

不久后，人们发现阿希夫米尺偏离了原来的定义，它比地球子午线长度的四千万分之一短了约 0.2mm。但为了方便使用，阿希夫米尺作为法国的长度标准，一直沿用了近 100 年。

由于米制具有简单易懂、结构合理、通用性广等优点而逐步为其他国家所接受。1869 年和 1872 年，在由法国政府主持召开的两次国际米制委员会会议上决定制造新的基准米尺，即米原器及其复制品。新米原器以阿希夫米尺为准。国际米制委员会共制造了 31 根同样的米原器，其中 6 号米尺的长度和阿希夫米尺最接近，因此将其作为国际基准米尺，保存在国际计量局。

1889 年第一届国际计量大会批准了国际计量委员会所选择的米原器，并宣布"该米原器以后在冰融点温度时代表长度的米单位"。考虑到环境因素对尺长的影响，1927 年第七届国际计量大会又对此做了更明确的规定：长度的单位是米，为国际计量局所保存的铂铱尺上所刻的两条中间刻线的轴线在 0℃时的距离，该铂铱尺被国际计量大会宣布为米原器，米原器的复现不确定度约为 1.1×10^{-7}。图 2-2 中的"尺之原器"是 1909 年清政府向国际计量局定制的长度标准器，它是中国最早的一支高精度线纹尺原器。

图 2-2　1909 年（宣统元年）清政府向国际计量局定制的长度标准器——"尺之原器"

从此，米的定义由端面距离转为刻线间距离。但用刻线间距离来定义米也有缺点，如刻线质量和材质稳定性等都会影响其尺寸稳定性和复现精确度，而且一旦毁坏，就再也无法复现。

早在 19 世纪初，就有物理学家认为应该从可见光波长而不是实物尺寸中去寻找长度基准。但当时对光辐射的特性了解不够而无法实现。第二次世界大战后，由于同位素分离技术的发展，这一设想成为可能，科学家们选择了 ^{86}Kr 的橙色谱线来定义米。1960 年第十一届国际计量大会上正式批准废除铂铱米原器，而将米定义改为："米等于 ^{86}Kr 原子的 $2p_{10}$ 和 $5d_5$ 能级间的跃迁所对应的辐射在真空中波长的 1650763.73 个波长的长度。"由此长度基准完成了从实物基准向自然基准的过渡。经仔细研究后发现，^{86}Kr 基准谱线的波长仍稍有不对称。当规定了谱线轮廓中位置后（例如，极大值、重心或两者的平均位置），复现米的不确定度可以达到 4×10^{-9}。

1983 年，第十七届国际计量大会通过了新的米定义："米等于光在真空中 1/299792458s 的时间间隔内所经路径的长度。"该定义隐含了光速值 c=299792458m/s，这是一个没有误差的定义值。新"米"定义的复现方法有三种：①若平面电磁波在时间间隔 t 内，在真空中所经路径的长度为 l，则由测得的时间间隔 t 就可以由定义的光速 c 得到 l；②若测量出某平面电磁波的频率 f，则由定义的光速值可得到其波长值；③采用国际计量委员会推荐的可以用于复现长度单位米的辐射表中的任何一种辐射，该辐射表给出了它们的频率值、真空波长值、使用条件以及相应的不确定度。第一种方法无疑仅能用于天文和大地测量。第二种方法需要直接测量激光频率，不是普通实验室都能实现的。因此第三种方法是最方便、最常用的方法。自此，长度基准完成了由自然基准向用基本物理常数定义基本单位的过渡。

自 1983 年以来，国际计量委员会先后 4 次推荐了 13 种可用于复现米定义的稳频激光辐射和若干光谱灯辐射，并分别给出了它们的频率值、波长值及其不确定度，将稳频激光器的波长（频率）值作为实现"米"定义的国际标准谱线。

法制计量要求确定某种辐射光源的某个装置为长度计量基准。目前，世界上绝大多数国家包括我国都采用碘稳频 633nm 氦氖激光器作为实际上的长度计量基准，在规定的条件下，它的频率和波长值分别为 473612353604kHz 和 632.99121258nm，相对标准不确定度为 2.1×10^{-11}。利用这些稳频激光器的标准谱线对计量型纳米测量仪器进行校准，可直接溯源至米定义，提供单位统一、量值准确可靠的纳米尺度几何量计量结果。

为了便于半导体行业在纳米尺度的几何量溯源，2018 年国际几何量咨询委员会（CCL）向国际计量委员会（CIPM）提出建议：采用国际科学技术数据委员会（CODATA）数据库的，22.5℃真空环境下硅晶格 {220} 方向的尺寸 $d_{220}=192.0155714 \times 10^{-12}$m，其标准不确定度为 3.2×10^{-18}m，作为第四种米定义的复现方法。这一变革为实现纳米线宽原子级准确度的测量提供了保障，为纳米计量技术开创了一个全新的空间，该溯源路径主要是通过透射电子显微镜（TEM）观测由硅单晶材料直接制备的纳米几何量结构，建立图像中特征尺寸与硅晶格常数之间的数值关系，从而使测量仪器直接溯源至米定义。

2.1.2 纳米量值的传递

量值传递是通过对计量器具的检定或校准，将国家基准所复现的计量单位量值通过各级计量标准传递到工作计量器具，以保证被测量值的准确和一致。即保证全国在不同地区、不同场合下测量同一量值的计量器具都能在允许的误差范围内工作。

我国量值传递体系是国家根据经济合理、分工协作的原则，以城市为中心，就地就近组织起来的量值传递网络。量值传递体系大致由三部分内容构成。

① 从能复现单位量值的国家基准开始，通过各级（省、市、县、区）计量标准器具逐级传递，最后传递给工作计量器具，这就是平时说的量值传递。

为了达到量值传递时测量不确定度损失小、可靠性高和便于操作的要求，量值传递时应按国家计量检定系统（表）的规定逐级进行（特殊情况经上级同意方可越级传递）。

② 国家基准由国务院计量行政部门负责建立。

各级法定计量机构的计量标准受同级政府计量行政部门的区域管理，为了使各级计量标准具有法律性，要受到建标、设备、人员考核等监督管理，同时各类计量标准和工作计量器具应按国家计量检定规程进行周期检定，不得超周期使用。

③ 各级政府计量行政部门最终受国务院计量行政管理部门领导。

从这里可看出，现行量值传递体系是一个以人为因素起主导作用的、分层按级的依法管理的封闭系统，是我国计量工作法制管理的具体体现。

纳米几何量计量体系包括三个层次。第一层是纳米几何量计量基准，用以复现和保存微纳米几何量值，并通过计量标准向工作计量器具传递，以保证全国纳米几何量值的准确统一。其测量原理主要包括扫描探针法、电子束显微法、光学法等。第二层是纳米几何量计量标准，主要包括纳米几何量标准器与标准物质，其量值溯源至国家计量基准，并向工作计量器具传递量值。第三层是纳米几何量工作计量器具，其量值通过计量标准溯源至国家计量基准，主要用于精密加工和微电子制造等领域的微纳米几何量测量和

纳米计量基础与应用

表面形貌表征。

我国纳米几何量计量器具溯源系统框图如图 2-3 所示。

计量基准垂直方向的技术指标是：在 0 ～ 2μm 的测量范围内，不确定度 U=0.5nm（k=2）；在 2 ～ 5μm 的测量范围内，不确定度 U=1.0nm+1.0×10^{-5}×H（k=2）。水平方向是：在 0 ～ 20μm 的测量范围内，不确定度 U=0.5nm（k=2）；在 20 ～ 10000μm 的测量范围内，不确定度 U=1.0nm+2.0×10^{-7}×H（k=2）。对标准台阶／沟槽、栅格等纳米几何结构计量标准测量时的技术指标见表 2-1。

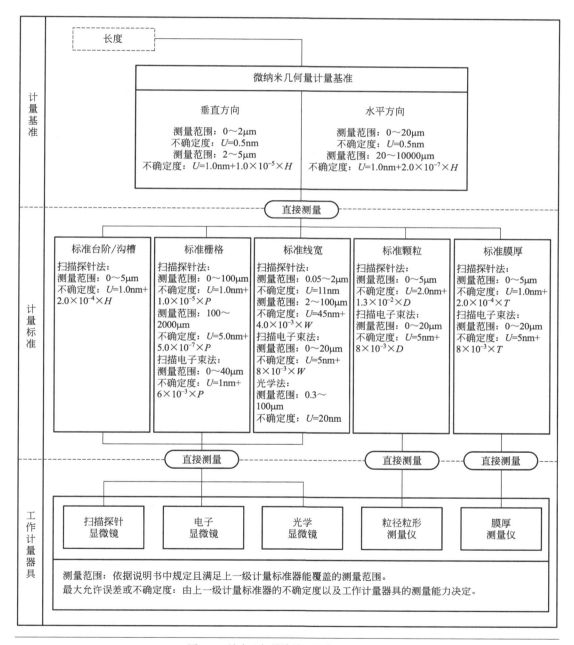

图 2-3　纳米几何量计量器具溯源系统框图

表 2-1　计量标准技术指标

纳米几何结构	技术指标
标准台阶 / 沟槽	扫描探针法： 高度 / 深度测量范围：0 ～ 5μm；不确定度：$U=1.0nm+2.0\times10^{-4}\times H$，$k=2$
标准栅格	扫描探针法： 间距测量范围：0 ～ 100μm；不确定度：$U=1.0nm+1.0\times10^{-5}\times P$,$k=2$ 间距测量范围：100 ～ 2000μm；不确定度：$U=5.0nm+5.0\times10^{-7}\times P$,$k=2$
	电子束显微法： 间距测量范围：0 ～ 40μm；不确定度：$U=1nm+6\times10^{-3}\times P$,$k=2$
标准线宽	扫描探针法： 宽度测量范围：0.05 ～ 2μm；不确定度：$U=11nm$,$k=2$ 宽度测量范围：2 ～ 100μm；不确定度：$U=45nm+4.0\times10^{-3}\times W$,$k=2$
	电子束显微法： 宽度测量范围：0 ～ 20μm；不确定度：$U=5nm+8\times10^{-3}\times W$,$k=2$
	光学法： 宽度测量范围：0.3 ～ 100μm；不确定度：$U=20nm$,$k=2$
标准颗粒	扫描探针法： 直径测量范围：0 ～ 5μm；不确定度：$U=2.0nm+1.3\times10^{-2}\times D$,$k=2$
	电子束显微法： 直径测量范围：0 ～ 20μm；不确定度：$U=5nm+8\times10^{-3}\times D$,$k=2$
标准膜厚	扫描探针法： 厚度测量范围：0 ～ 5μm；不确定度：$U=1.0nm+2.0\times10^{-4}\times T$,$k=2$
	电子束显微法： 厚度测量范围：0 ～ 20μm；不确定度：$U=5nm+8\times10^{-3}\times T$,$k=2$
	光学椭偏法： 厚度测量范围：2 ～ 2000nm；不确定度：$U=0.6nm+2.8\times10^{-3}\times T$,$k=2$

2.2 ▶ 纳米检测技术的发展

纳米尺度接近原子极限，它的测量方法和仪器必须提供纳米级甚至亚纳米级测量精度。而世界上里程碑式的纳米测量方法或测量设备正是保证纳米测量准确和可溯源的重要手段，使得纳米计量技术从高分辨走向超分辨。1931 年；恩斯特·鲁斯卡（Ernst Ruska）和马克斯·克诺尔（Max Knoll）利用电子波发明了电子显微镜；1935 年，弗里茨·塞尔尼克因（Frits Zernike）根据位相理论研究出了位相反衬法，发明了相差显微镜，于 1953 年获得诺贝尔物理学奖；1981 年，正在研究超导隧道效应的宾尼（G. Binnig）和罗雷尔（H. Rohrer）在偶然中受到物理学家罗伯特·杨有关"形貌仪"的文章的启发，发明了隧道显微镜，于 1986 年获得诺贝尔物理学奖；20 世纪 80 ～ 90 年代，亚米德·齐威尔（Ahmed Hassan Zewail）致力于将化学反应的时间尺度缩减至飞秒，通过摄影将化学反应中每个微细变化详细地纪录，最终发明了飞秒光谱仪，于 1999 年获得诺贝尔化学奖；1994 年，斯特凡·赫尔（Stefan W. Hell）猜想可以用一束激光让荧光分子发光，而另一束激光消除所有"大尺寸"物体的荧光。2000 年，这种设想被证实，继而出现了受激发射损耗（STED）荧光显微技术，超分辨力荧光显微镜随之诞生，斯特凡于 2014 年获得诺贝尔化学奖；20 世纪 80 年代，雅克·杜波切特（Jacques Dubochet）和他的团队发明了冷冻电子显微镜，可以冻结观测样品且保持原始状态，2017 年，雅克·杜波切特（Jacques Dubochet）、阿希姆·弗兰克（Joachim Frank）以及理查德·亨德森（Richard Henderson）因开发电子冷冻显微镜以及生物分子结合 3D 成像成就获得诺贝尔化学奖。

微纳米测量技术发展历程见图 2-4。

图 2-4　微纳米测量技术发展历程

2.2.1　光学显微镜

1935 年，弗里茨·塞尔尼克因在研究衍射光栅时发现了相差显微技术。在研究中，为了最大化与参考光干涉的对比度，塞尔尼克因向参考光中引入相移，从而产生完全的相消干涉。随后，他发现相同的技术可应用于光学显微技术。在玻璃上精确蚀刻圆环，当玻璃插入显微镜的光路中时，就会产生所需要的相移，该技术称为相差技术。塞尔尼克因也因此荣获了 1953 年的诺贝尔物理学奖。目前，在大多数高级光学显微镜中都使用了相差技术或提供可选的相差套件，而它也被广泛应用于为透明标本如活体细胞和小的器官组织提供对比度图像。

1957 年，美国科学家马文·闵斯基（Marvin Minsky）首次阐明了激光扫描共聚焦显微镜（LSCM）技术的基本原理；1967 年，Egger 第一次成功地用共聚焦显微镜产生了一个光学横断面，所用的共聚焦显微镜的核心是尼普科夫盘（Nipkon disks），此盘位于光源和针孔之后，从盘射出的光束以连续的光点在盘旋转时照射到物体上，但该技术当时尚不完善；1970 年，Sheppard 和 Wilson 推出第一台单光束共聚焦激光扫描显微镜；1985 年，多个实验室的多篇报道显示共聚焦显微镜可以消除焦点模糊，得到清晰的图像，至此 LSCM 技术基本成熟；1987 年，BIO-RAD 公司推出了第一台商业化的共聚焦显微镜。

我国发展共聚焦显微技术比较晚，直到 20 世纪 80～90 年代才开始研究。随着国家对科学技术发展的大力支持，国内共聚焦显微镜仪器的发展和整体表现有望在未来十年全面提升。

2001 年，西安交通大学利用共焦成像原理以普通光学成像透镜取代显微物镜，以针孔阵列（500×500）取代单针孔，实现了全场并行共焦测量。系统的最大横向测量范围为 5mm×5mm，横向测量精度约为 13μm，轴向测量精度约为 5μm，实现微米级测量。合肥工业大学也于 2003 年提出了基于差动共焦的并行三维形貌检测系统的研究方案，用微透镜阵列产生二维点光源阵列来实现并行全场非扫描共焦探测，获得被测表面形貌特征。

2003 年，哈尔滨工业大学提出了改善共焦显微镜横向分辨力的整形环形光共焦显微镜。因共焦针孔对超分辨引起的旁瓣具有强烈的抑制作用，故增强了光学系统成像的对比度，使得光学超分辨具有了实际意义，当测量物镜的数值孔径为 0.85 时，横向的分辨力优于 0.2μm。在 2005 年又提出了位相型光瞳滤波式三维超分辨共焦成像系统，轴向分辨力达 2nm，横向分辨力优于 0.2μm。

2018 年，浙江大学将激光扫描共聚焦成像技术和近红外荧光成像技术结合，观察到了活体小鼠的深度为 200μm 耳血管和深度为 500μm 脑血管的三维层析结构。此外，在激光扫描共聚焦显微镜利用时间相关单光子计数技术和飞秒激光器观察到了深度为 800μm 小鼠脑血管的三维层析结构，实现了高空间分辨力，又进一步在三维层析成像方面取得了巨大的进步。

为了进一步提高激光扫描共聚焦显微镜的成像分辨力，又不断发展了多种突破光学衍射极限的超分辨成像技术，有受激发射损耗（STED）显微术、可逆饱和光学跃迁（RESOLFT）显微术、基态损耗（GSD）显微术和荧光辐射差分（FED）显微术等。受激辐射损耗（STED）显微术由德国科学家 S. W. Hell 提出，使用荧光分子，突破了光学显微衍射极限，将光学显微技术带进了"纳米世界"，显微成像也变成了纳米显微成像，并于 2014 年获得诺贝尔化学奖。这种方法以其成像速率快、分辨力高、可扩展性好等优势在目前的科学研究中应用得最为广泛，发展得也最为成熟。目前我国也已经取得了一些进展。2005 年，上海光机所率先在国内开始了有关 STED 显微术的理论研究。2012 年，北京大学搭建了一台基于纳米平台扫描的 STED 系统，实现了超衍射极限的横向分辨力。2013 年，他们又实现了双色 STED 显微成像。2012 年，浙江大学也搭建了一台基于纳米平台扫描的 STED 系统，可以同时对样品进行强度成像和荧光寿命成像，实现了 38nm 的横向分辨力以及 20ps 的时间分辨力。2013 年，中国科学院化学所将 STED 显微术和原子力显微镜集成在同一个系统中，实现了 42nm 的空间分辨力。

2.2.2 扫描探针显微镜

2.2.2.1 扫描隧道显微镜

20 世纪 70 年代末，物理学家 Gerd Bining 博士和他的导师 Heinrich Rohrer 博士在瑞士苏黎世 IBM 公司的实验室进行超导实验时，看到了物理学家罗伯特·杨撰写的一篇有关"形貌仪"的文章后，产生了一个灵感：利用导体的隧道效应来探测物体表面从而得到物体表面的形貌图。两人经过了一段时间的工作，终于在 1981 年，发明了世界上第一台扫描隧道显微镜（STM）。这种新型显微仪器的诞生，使人们能够实时地观测到原子在物质表面的排列状态并研究与表面电子行为有关的物理化学性质，对物理科学、表面科学、材料科学、生命科学以及微电子技术的研究有着十分重大的意义和重要应用价值。同时，STM 的诞生也使得众多研究人员能够将原子随心所欲地排列成所需的图案，如图 2-5 所示。两位科学家因此与透射电子显微镜（TEM）的发明者 Ernst Ruska 教授一起荣获 1986 年诺贝尔物理学奖，如图 2-6 所示。

图 2-5 IBM 阿尔马登研究中心 Donald Mark Eiglerigler 和
他的团队用自制的显微镜操控 35 个氙原子拼写出了"I、B、M"三个字母

图 2-6 1986 年诺贝尔物理学奖获得者

　　1988 年，我国纳米科技专家白春礼成功研制了国内第一台计算机控制、有数据分析和图像处理系统的扫描隧道显微镜，这一科学成就使我国在表面研究领域一步跨入了"原子世界"。1993 年初，白春礼和超导专家赵忠贤合作推出了我国第一台低温扫描隧道显微镜，对于研究低温下材料的表面特性有重要的意义。

　　2010 年，中国科学院合肥物质科学研究院强磁场中心陆轻铀课题组在国际上首次研制成功混合磁体极端条件下原子分辨扫描隧道显微镜（STM）。此工作为利用混合磁体搭配 STM 开展原子分辨成像研究铺平了道路，对于突破当前超强磁场下只能开展输运等宏观平均效果测量之瓶颈，进入广阔的物性微观起源探索领域具有标志性意义。同时，课题组又针对超强磁场下的生物分子高分辨成像，搭建了一套室温大气环境下的分体式 STM。该系统将一段螺纹密封式胶囊腔体通过一根长弹簧悬吊于混合磁体中心，并将 STM 核心镜体悬吊于胶囊腔体内用以减弱声音振动干扰。经测试，该 STM 在 27.5T 超强磁场下依然保持原子分辨力。

2.2.2.2 原子力显微镜

1982 年，IBM 公司苏黎世研究实验室的科学家 Binning 和 Rohrer 利用原子间的隧道电流效应发明了扫描隧道显微镜（STM），但是 STM 在扫描获得图像方面具有局限性，其只能对导体与半导体材料成像，而无法对非导体材料成像。1986 年，Binning 等为了弥补 STM 的不足，利用原子之间的相互作用力性质发明了原子力显微镜（AFM）。AFM 不仅能通过扫描样品得到具有超高空间分辨力的图像，同时它也可以完成对目标物体的移动、拉扯等操作。

近些年来，我国研究人员在提高原子力显微镜扫描速度与增大扫描范围方面有很多成果。2011 年，中国科学院电工研究所提出了一种高速原子力显微镜系统的设计方案，该方案中扫描器内的位移平台由纳米压电陶瓷制成，基于此种设计，系统的扫描范围可以达到 $100\mu m \times 100\mu m$，利用正弦波作为驱动信号时线扫描频率可以达到 50line/s，研究中还分析了三角波与正弦波信号中高次谐波的特性，并利用基于位置采样的成像方法有效地减小了图像的畸变。浙江大学光电科学与工程学院设计了一种双扫描器宽范围原子力显微镜系统，系统具有两种扫描方式，压电扫描方式应用于范围比较小但位移分辨力要求较高的情况，步进扫描方式则用来实现样品的大范围扫描。通过图像拼接技术将图像拼接在一起可以获得更大范围的 AFM 图像，同时该系统利用 X/Y 方向与 Z 方向两块压电陶瓷作为驱动的扫描方法，减小了压电陶瓷扫描时的耦合误差。

2017 年，合肥工业大学仪器科学与光电工程学院基于悬臂梁高阶谐振的特性，设计了一种多模态原子力显微镜系统，该系统可以在振幅、相位、频率三种反馈模式和不同阶谐振状态下对物体扫描成像。浙江大学光电科学与工程学院研制了一种基于多重扫描器的原子力显微镜系统，扫描器结合了管状压电陶瓷精度高、响应快和层叠式压电陶瓷行程大的优点，使系统可以实现至少四种不同的扫描方式，包括层叠式压电陶瓷扫描反馈、管状式压电陶瓷扫描反馈、层叠式压电陶瓷扫描与管状式压电陶瓷反馈以及选区域扫描，所有扫描器集成在一起节省了空间，满足了结构小型化的需求。

现有的 AFM 系统以单探针结构形式为主，随着 AFM 在纳米技术领域中的应用越来越广，基于 AFM 的纳米加工、操纵、理化特性的测量等新需求、新技术的出现，单一的扫描成像功能已经不能满足越来越多的需求，要求 AFM 系统具有更多的功能。近年来我国也不断开展双探针、三探针原子力显微镜的研究，通过增加单探针 AFM 系统的自由度实现 AFM 系统的功能扩展，多探针 AFM 系统中的探针子系统既可以独立工作又可以相互配合，在扫描成像的基础上，可以完成对样品的移动、力特性、电特性的测量等操作，以满足越来越多的功能需求。目前在扫描成像的基础上拓展其更多的功能是未来的发展趋势与重点。

2.2.3 电子显微镜

2.2.3.1 透射电子显微镜

1925 年，L. de Broglie 提出物质具有波动性的假说后，1926 年 Busch 发表关于磁聚焦的论文，指出旋转对称磁场可以使电子束折射。随后，世界上第一台电子显微镜在 1931

年诞生于柏林，它是由 M. Knoil 和 E. Rusk 通过改装一台可拆卸的高速阴极射线管示波器而制成的，具有 3 个透镜，是采用冷阴极电子源的透射式电子显微镜。1934 年，M. Knoil 和 E. Rusk 将分辨力提高到 500Å（$1Å=10^{-10}$m），他们凭此贡献获得了 1986 年的诺贝尔物理学奖。1938 年，德国西门子公司生产了第一台作为商品的透射电子显微镜（TEM），分辨力优于 100Å。1992 年，Harald Rose、Knut Urban 和 Maximilian Haider 使用多组电磁线圈（四级、六级和八级）实现了对非理想轴对称磁场的高阶修正，使成像电子束可以更准确地聚焦于像平面，极大降低了成像系统的球差，使透射电子显微镜的分辨力达到亚埃级。现在，利用球差校正器，透射电子显微镜的分辨力达到了 0.5Å 左右，能分辨包括二维材料在内的多种材料的原子图像。

我国在 20 世纪 50 年代就开始了透射电镜的研发。1958 年我国第一台电子显微镜 DX-100（Ⅰ）中型透射电子显微镜研制成功，该电镜指标为高压 50kV，分辨力 100Å。经过一年的改进，DX-100（Ⅱ）大型透射电子显微镜于 1958 年研制成功，指标为高压 100kV，分辨力 25Å，放大倍数 10 万倍。

1965 年，中国科学院成功研制 DX-2 大型透射电子显微镜，根据鉴定过程中所拍摄的铂铱粒子照片，测得最小可分辨距离为 4Å 和 5Å 的 5 对电子，电子光学放大可达 25 万倍以上。当时 DX-2 型电镜在分辨本领和放大倍数方面已达到国际先进水平。

1975 年又成功研制了 DX-4 高分辨大型透射式电子显微镜（简称 DX-4 透射电镜），1980 年国家科学技术委员会和中国科学院对 DX-4 透射电镜进行了鉴定。可拍摄到分辨力为 3.4Å（石墨化炭黑）的晶格条纹，并在双目镜下，在荧光屏上看到了 3.4Å 的晶格条纹；放大倍数从 700 倍至 600000 倍；高压稳定度为 $4.7×10^{-6}$min^{-1}；物镜电流稳定度为 $2×10^{-6}$min^{-1}。现在浙江大学、中国科学院等高校或研究院所在国家的资助下继续进行研究。

2.2.3.2　扫描电子显微镜

1932 年，诺尔提出了扫描电子显微镜（SEM）可成像放大的设计思想，并在 1935 年制成了极其原始的模型。1938 年，德国的阿登纳在实验室制成第一台扫描电子显微镜，该显微镜采用缩小透镜用于透射样品。此后的很长一段时间里，由于不能获得高分辨力的样品表面电子像，扫描电子显微镜一直得不到发展，只能在电子探针 X 射线微分析仪中作为一种辅助的成像装置。1965 年，在各项基础技术有了很大发展的背景下，英国剑桥仪器公司生产了第一台实用化的扫描电子显微镜，它用二次电子成像，分辨力达 25nm。1968 年在美国芝加哥大学，诺尔成功研制了场发射电子枪，并将它应用于扫描电子显微镜，可获得较高分辨力的透射电子像。1970 年他发表了用扫描电镜拍摄的铀和钍中的铀原子和钍原子像，这使扫描电子显微镜又进展到一个新的领域。此后，美国、联邦德国、荷兰研制的各种型号的扫描电子显微镜也相继问世，之后日本也在美国的技术支持下生产出了扫描电子显微镜。

中国也在 20 世纪 70 年代生产出自己的扫描电镜。1975 年中国科学院科学仪器厂自行研制了 DX-3 型扫描电子显微镜，指标达到当时国际先进水平。1977 年与 X-3F 双道 X 射线光谱仪联配，发展为 DX-3A 分析扫描电镜。1980 年又成功研制了 DX-5 型扫描电镜。

1983～1989 年，中国科学院科学仪器厂引进美国微机控制、分辨力 6nm、功能齐全的 Amray-1000B 扫描电镜生产技术，以及成功研制了 LaB₆ 阴极电子枪后，实现了 Amray-100B 的国产化。到 20 世纪 90 年代中期，各厂家又相继采用计算机技术，实现了计算机控制和信息处理。

1993 年，中国科学院北京科学仪器研制中心研制成 KYKY-1500 型高温环境扫描电镜，在 Amray-100B 基础上增加了高温试样台及低真空试样室，改进了真空系统及信号电子接收器等。试样温度最高达 1200℃，环境气压最高为 2600Pa。在 800℃、1300Pa 时分辨力优于 60nm。

北京中科科仪股份有限公司（原中国科学院北京科学仪器研制中心）于 2004 年至今，先后研制了 EM-3200 型数字化扫描电子显微镜、EM-3900 系列扫描电子显微镜、KYKY-6000 系列扫描电子显微镜、KYKY-8000F 场发射扫描电子显微镜等商品化扫描电镜。

2.3 ▶ 纳米几何量计量体系

纳米产业已成为世界各国争夺的经济战略制高点，在集成电路、先进制造等领域保证纳米几何特征量值的准确性对产品质量性能至关重要，为此发达国家均投入巨资研制纳米计量标准装置及标准器，形成自主核心技术，持续保持其国际垄断地位。

美国国家标准与技术研究院（NIST）开展了以光学、扫描探针和扫描电子显微镜为基础的计量型仪器的研制，包括 248nm 紫外计量标准装置、分子测量机（molecular measuring machine，M3）、校准原子力显微镜（calibrated AFM，C-AFM）与两台标准计量型扫描电子显微镜装置（reference metrology SEM1，reference metrology SEM2）。C-AFM 计量型原子力显微镜标准装置在测量 100nm～1μm 栅格时，相对测量不确定度为 1.0×10^{-3}；测量 100nm 台阶高度时，相对测量不确定度是 2.0×10^{-3}。两台标准计量型扫描电子显微镜装置分别是基于 FEI 公司的环境扫描电镜 Nova600 ESEM 和 Helios 电子与离子束 SEM 开发的，reference metrology SEM1 采用差动式平面激光干涉仪实现计量，极限分辨力优于 1nm。reference metrology SEM2 为双束 SEM，有更强的成像能力。2003 年，研制了一维栅格标准器 SRM 8820、线宽标准器 SRM 2059 及膜厚标准器 SRM 2531-2536 等，并采用 C-AFM 等标准装置对标准器进行定值溯源。对于晶圆级纳米几何特征量标准器，VLSI 公司研制了 NCD、NLSM、SHS 等标准器，量值溯源至 NIST，几乎垄断了全球的集成电路产业。美国先进的纳米计量能力与完整的量传体系，为先进微纳制造与检测设备提供了准确的量值，有力地保障了英特尔、AMD 的集成电路制造工艺，并助力波音、强生、默沙东等先进制造、生物医药公司持续保持领先优势，如图 2-7 所示。

德国联邦物理技术研究院（PTB）研制了电容式位移控制微悬臂原子力显微镜与高速计量型大范围原子力显微镜（LR-SPM），LR-SPM 的测量范围为 25mm×25mm×5mm，分辨力可达 0.1nm，重复性为 0.7nm。为满足掩模版的图形位置测量需要也研制了电子光学计量系统（EOMS），该装置采用低电压扫描电子显微镜，结合激光干涉仪，测量

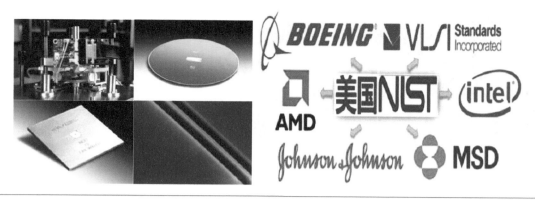

图 2-7　美国纳米几何特征参量计量标准器研制及产业应用

位移的分辨力为 0.6nm，角度分辨力为 0.01s。同时在 Zeidd Axiotron 显微镜基础上研制了计量型紫外显微镜，该设备的线宽测量范围为 0.3 ～ 200μm。2000 年以来，PTB 联合 MikroMasch、Moxtek 公司共同研制了 MXS-301、TGG01 等纳米几何特征参量标准器，并用 LR-AFM 进行定值和溯源。通过校准定值后的计量标准器将纳米量值传递至产业，PTB 为德国"工业 4.0"及"德国制造"领先世界提供了强力技术支撑，保证了西门子、博世、宝马、拜尔等众多品牌享誉世界，如图 2-8 所示。

图 2-8　德国纳米几何特征参量计量标准器研制及产业应用

英国国家物理实验室（national physical laboratory，NPL）研制了微形貌纳米测量仪器与计量型原子力显微镜（metrological atomic force microscope，MAFM），提取 0.2nm 干涉条纹用于校正精密位移传感器，并设计了纳米级分辨力和精度的纳米定位装置。2005 年，英国国家物理实验室开展了 300nm 二维栅格等纳米标准器的研制，并由 MAFM 进行定值。由计量装置和标准器构建的纳米量传体系为产业提供计量保障。NPL 为 Rolls-Royce 等精密制造公司提供了量值溯源，并为 GSK 等跨国制药公司提供纳米粒子量值溯源服务。此外，日本国家计量院（NMIJ）也研制了纳米计量学原子力显微镜（nanometrological AFM）和带差分激光干涉仪的原子力显微镜（AFM with differential laser interferometers，DLI-AFM），各国计量技术机构都开展了相关技术研究，如图 2-9 所示。

我国一直以来也高度重视微纳技术的科学研究和产业化进展，在国家的大力支持下，纳米技术在研究与产业上均得到了高速发展。但在纳米计量领域研究的滞后，使得我国之前缺乏相应的纳米溯源和计量体系，导致我国的半导体企业都不得不转向国外寻求溯源，

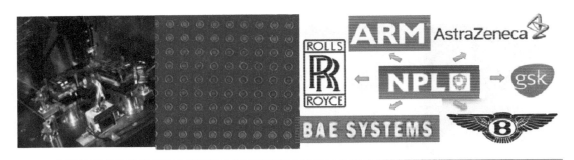

图 2-9　英国纳米几何特征参量计量标准器研制及产业应用

不但每年要向国外支付高额的费用，而且在关键技术和标准制定方面也受制于人。为改变这种状况，中国计量科学研究院通过研究已建立了我国自己的微纳几何量关键尺寸计量标准体系，有力地支撑了我国纳米技术的发展。中国计量科学研究院是国家最高的计量科学研究中心和国家级法定计量技术机构，属社会公益型科研单位。前沿科学中心承担着研究纳米方面的国家基准和样板制作，以及纳米标准样板的检定、校准和检测工作。中国计量科学研究院研制的纳米几何结构标准装置、毫米级纳米几何结构样板校准装置和微纳米样板校准装置，是我国纳米标准化量值传递体系的重要设备和溯源基准。同时昌平实验基地配备了场发射透射电镜、场发射扫描电镜、扫描探针显微镜、X 射线衍射仪、激光粒度仪等高端纳米计量设备，可为全国的纳米相关企业（纳米材料、微电子集成电路、超精细加工等）提供量值传递和测量服务。

2.3.1　计量基准组成

微纳米几何量计量基准是由基于扫描探针显微技术、电子束显微技术与光学显微成像技术等不同测量原理，测量能力全面覆盖微纳米尺度的三维几何量值，且量值直接溯源至米定义 SI 单位的多台计量装置组成，主要包括：纳米几何结构标准装置、毫米级纳米几何结构样板校准装置、双探针原子力显微镜、微纳米样板校准装置、紫外光学显微镜等。

2.3.1.1　纳米几何结构标准装置

由中国计量科学研究院研制的纳米几何结构标准装置是基于原子力显微术的计量型原子力显微镜，是用于纳米几何结构参数量值传递的最主要仪器之一，作为纳米几何结构量值传递的起点，区别于商用原子力显微镜，其固接在原子力显微镜上一体化无阿贝误差布局的三维激光干涉系统使原子力显微镜的测量结果，可以直接溯源到实现米定义的激光波长，实物图如图 2-10 所示。根据计量基准建立的参考坐标系，产生可重复的相对于参考坐标系的运动并能由计量基准对其进行测量，并通过具有纳米分辨力的测针将被测物与参考坐标系联系起来。该装置的技术指标是：测量范围为 $(X, Y, Z) = (70\mu m, 15\mu m, 7\mu m)$；测量分辨力为 $(X, Y, Z) = (1.2\ nm, 0.25\ nm, 0.12\ nm)$。扫描器空间两点测量不确定度 $U_{95} = 2\ nm + 2\times10^{-4}\times L$，其中 L 为空间两点距离。

该计量型原子力显微镜与德国物理技术研究院等技术机构进行了线宽、线间隔和台阶

图 2-10　计量型原子力显微镜外形图

高度的测量比对，完成了国际计量委员会几何量咨询委员会（CIPM/CCL）组织的纳米台阶高度国际比对，课题结束后进行了纳米二维光栅国际比对。结果表明，计量型原子力显微镜的主要技术指标已经达到了国际先进水平，作为国家标准装置（〔2007〕国量标计证字第 040 号）已开展纳米台阶高度、线宽、线间隔样板的检测工作。

2.3.1.2　毫米级纳米几何结构样板校准装置

由中国计量科学研究院研制的毫米级纳米几何结构样板校准装置是一种在毫米级测量范围内实现纳米级测量不确定度的装置，能够在 50mm×50mm×2mm 的范围内对线宽、线间隔、台阶高度、纳米级表面形状和纳米级表面粗糙度等纳米几何结构参数进行测量，测量量值能够直接溯源到米定义激光波长基准，实物图如图 2-11 所示。该装置的技术指标是：在 100μm×100μm×3μm 测量范围内，不确定度优于 2nm(k=1)；在 50mm×50mm×2mm 测量范围内，不确定度优于 20nm(k=1)。通过与 PTB 的量值比对，

图 2-11　毫米级纳米几何结构样板校准装置

验证了该装置的测量能力，表明了测量不确定度等技术指标已经达到了国际先进水平，该装置已成为国家标准装置（〔2015〕国量标计证字第 279 号）。

毫米级纳米几何结构样板校准装置主要是针对集成电路、纳米技术和先进制造等高新技术产业中的纳米几何结构计量参数的量值溯源，可满足被测物尺寸从几毫米增加到上百毫米，测量范围从几十微米增加到几十毫米，同时所要求的测量不确定度仍为纳米级的计量需求。

2.3.1.3 双探针原子力显微镜

线宽的准确测量在集成电路制造中具有至关重要的作用，然而对于线宽准确测量的难度远远高于高度和线间距的测量，究其原因在于测量原理和计算方法的不同。对于高度测量来说，测量结果通过计算刻线的上下表面的高度差得到，因此在测量上下表面时的系统误差可以在计算时相互抵消。在测量线间距时，测量对象是相邻两条刻线的左侧或者右侧，探针等因素对测量结果造成的误差在计算时也可以相互抵消。而对于线宽测量来说，测量对象是同一条刻线的两侧侧壁，探针尺寸对两侧侧壁测量结果的影响是会叠加的，因此误差不减反增，这大大增加了线宽测量的难度。

中国计量科学研究院依托"十二五"国家科技支撑计划项目"微纳技术计量标准和标准物质研究"，研制了计量型双探针原子力显微镜，用于解决传统原子力显微镜在测量线宽时探针几何尺寸对测量结果带来的影响。双探针原子力显微镜的测量原理可以建立一个参考零点，利用双探针 AFM 针尖扫描对准方案，将两个探针沿线宽的轮廓朝相反方向测量，最终将两个探针的测量结果拼接到一起，有效地消除探针尺寸对线宽测量的影响，如图 2-12 所示。图 2-13 显示了双探针原子力显微镜实物图。

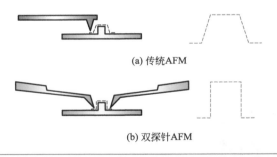

(a) 传统AFM

(b) 双探针AFM

图 2-12 双探针原子力显微镜测头测量原理

双探针原子力显微镜分辨力优于 1nm，并且在调幅模式下，整体噪声水平小于 0.3nm，通过利用高分辨力镜头和 CCD 配合纳米定位台研制的双探针 AFM 对准系统，实现了亚纳米级的双探针对准（1μm 以内），线宽测量不确定度为 5.2nm。

2.3.1.4 微纳米样板校准装置

扫描电子显微镜（扫描电镜，SEM）具有纳米级的空间分辨力，因此作为一种重要的显微结构分析工具，广泛应用于材料及微纳器件的观察与分析，在科学研究、产品质量控制、检验检疫等领域具有重要的作用，我国每年进口扫描电子显微镜达到数百台。在纳米

图 2-13　双探针原子力显微镜实物图

制造行业，尤其是在集成电路制造中，准确测量器件结构的关键尺寸对于保障工艺的稳定具有重要作用，但是由于缺乏计量标准装置，扫描电镜的测量值不一致，仪器之间测量结果无法统一。量值以往只能通过样板校准溯源至国外计量机构，我国研制的电镜标样也只能由国外定值，限制了扫描电镜在集成电路、纳米材料等高新技术产业中的应用，严重影响了我国纳米技术研究与微纳制造产业的发展。在此背景下，中国计量科学研究院主导研发了计量型扫描电镜标准装置——微纳米样板校准装置（如图 2-14 所示），并建立相应的量值传递体系，摆脱对国外校准机构的依赖，满足我国电镜量值准确一致的计量需求。

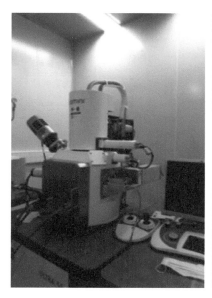

图 2-14　计量型扫描电子显微镜

该计量型扫描电子显微镜是国家标准装置（〔2018〕国量标计证字第 348 号），其主要技术指标：线间距测量范围为 100nm ～ 50μm，测量不确定度为 2.9nm（$k=1$），已达到国际先进水平，与德国物理技术研究院（PTB）同类型扫描电镜的指标性能比较见表 2-2。中国计量科学研究院利用项目研制的计量型扫描电镜参加了欧盟组织的硅纳米颗粒直径国际比对，在对 80nm 直径颗粒的测量比对的 11 个实验室中，不确定度水平位居第三位，达到了国际先进的测量能力和测量水平。

表 2-2　本装置与德国 PTB 同类型扫描电镜的指标性能比较

名称	干涉仪引入的不确定度 /nm	几何误差引入的不确定度 /nm	电子束漂移引入的不确定度 /nm	样板倾斜引入的不确定度 /nm	重复性引入的不确定度 /nm	合成不确定度 /mm
中国 NIM	0.6	1.5	2.3	0.1	0.7	2.9
德国 PTB	0.6	4.0	—	0.0	—	4.0

2.3.1.5　紫外光学二维微纳几何结构国家标准装置

紫外光学显微镜相比于普通光学显微镜使用更短波长的紫外光源提升了测量的分辨力和准确度，是针对集成电路掩模版等光刻技术类产品关键尺寸精确测量的重要仪器。中国计量科学研究院依托国家科技支撑计划课题"紫外光学二维微纳几何结构标准装置及标准物质的研究"成功研制了 248nm 深紫外波长的二维微纳几何结构标准装置，满足我国集成电路的发展需求，不仅能够用于光刻技术类产业掩模版测量仪器的校准和量值溯源，同时也能服务于我国精密光学仪器、超精加工、微机电系统（MEMS）技术以及纳米技术等微纳技术领域，如图 2-15 所示。

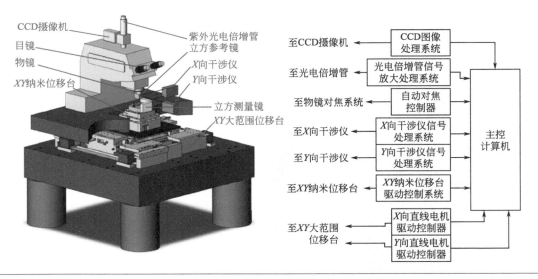

图 2-15　紫外光学二维微纳几何结构标准测量装置示意图

该紫外光学二维微纳几何结构国家标准装置的技术指标：线宽测量范围为 0.3 ～ 100μm，测量不确定度为 20nm（k=2），实现了光刻标准样板线宽直接溯源至米定义 SI 单位。同时通过对 2μm 线宽样板（K_ Ⅱ _32_G0）测量与德国联邦物理技术研究院（PTB）的测量结果进行比对，两者测量结果见表 2-3，结果表明一致性偏差 E_n 值结果符合 ≤ 1 的要求，不确定度分量评定合理可信，达到了国际先进水平，填补了国内空白。

表 2-3　比对结果

样板编号	PTB 值		NIM 值		NIM 与 PTB 测量结果差值 /nm	E_n
	测量结果 /nm	不确定度 $U(k=2)$/nm	测量结果 /nm	不确定度 $U(k=2)$/nm		
K_ Ⅱ _32_G0	2186.00	25.00	2211.68	18.80	25.68	0.82

2.3.1.6　光学干涉式表面形貌计量装置

中国计量科学研究院基于垂直干涉测量和相移干涉测量成功研制了一台基于光学干涉原理的计量型白光显微干涉测量系统——光学干涉式表面形貌计量装置（如图 2-16 所示），用于微纳台阶高度 / 沟槽深度标准样板的校准和定值，实现台阶高度量值的直接溯源。

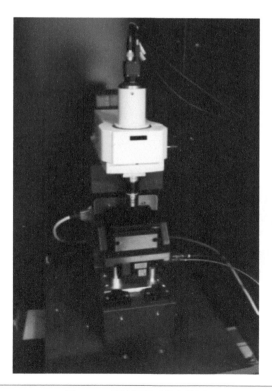

图 2-16　干涉测量系统实物图

该计量型白光干涉显微镜采用无阿贝误差的一维垂直整体结构方案，量值可由激光干涉仪直接溯源至米定义 SI 单位；采用从毫米到纳米的多级复合位移系统，可以满足不同量值跨尺度溯源的需求，突破了白光干涉三维显微重构算法的技术瓶颈，装置的测量重复性优于 0.3%；采用自主开发的微纳台阶高度分析软件，实现了多种评价方法的兼容，并在国家计量院层面首次将我国自主提出的光学解耦合评价方法应用于台阶高度计算。具体技术指标是：测量台阶高度/沟槽深度 H 的范围为 $0.01 \sim 1.0\mu\mathrm{m}$ 时，标准不确定度不大于 $(1.4+2.2H)\mathrm{nm}$；测量台阶高度/沟槽深度 H 的范围为 $1.0 \sim 100\mu\mathrm{m}$ 时，标准不确定度不大于 $(0.9+0.9H)\mathrm{nm}$。通过比对测试与等效性计算，装置的测量结果与我国表面粗糙度基准以及美、英等发达国家计量机构的量值实现了等效一致。

2.3.1.7 微纳米位移定位平台校准装置

纳米位移台是基于现有的纳米定位技术的高科技产品，随着科学技术的发展，微电子工程、航天技术、光学与光电子工程、精密工程、计量科学与技术、纳米技术、生物科学工程等对纳米位移台的定位技术的要求越来越高，所以纳米定位技术成为工程科学领域至关重要的技术。在纳米技术和原子力显微镜技术领域中，扫描探针显微技术和纳米技术有着非常重要的联系，纳米位移台的纳米定位技术是纳米科学加工和纳米台多自由度测量等的关键技术之一，是生物大分子和原子级别的操作技术工程研究中的必要条件。

中国计量科学研究院研制了微纳米位移定位平台校准装置，可实现纳米微位移平台六个自由度的同步实时校准，量值可直接溯源到米定义波长基准。位移测量范围达到 30mm，角度测量范围达到 ±1mrad（1rad ≈ 57.3°），系统噪声优于 0.3nm。实现了行程范围、分辨力、线性度、平面度等计量指标的校准。该装置的实物如图 2-17 所示。

图 2-17　干涉测量系统实物图

纳米几何量计量标准主要由具有台阶高度/沟槽深度、栅格周期/栅格平均间距、线宽、颗粒粒径、薄膜厚度等纳米特征几何参量的标准器和标准物质组成，具有良好的均匀性、复现性和稳定性。

台阶高度/沟槽深度是上下平行表面几何结构中特定区域的垂直距离H，见图2-18（a）。栅格周期/栅格平均间距是表面具有重复栅格结构的周期长度，通常用栅格平均间距P表示，见图2-18（a）和图2-18（b）。线宽是单条刻线的宽度W，对于立体结构指侧壁间的距离，对于平面结构指边界间的水平距离，见图2-18（a）和图2-18（b）。颗粒粒径是颗粒的拟合球体直径D。薄膜厚度是薄膜表面与界面间的距离T。

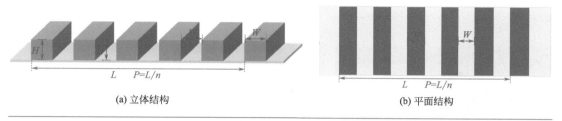

(a) 立体结构	(b) 平面结构

图2-18　纳米几何量特征参数示意图

L—多个栅格周期的长度；n—周期数量

我国已研制出一系列纳米几何量计量标准器，分别为测量范围为50～3000nm的一维栅格间距标准器组，测量范围为70～10000nm的二维栅格间距标准器组，测量范围为16～1000nm的纳米线宽标准器组，测量范围为50～1000nm的纳米台阶标准器组，可满足扫描电子显微镜、原子力显微镜、扫描隧道显微镜、接触式台阶测量仪、接触式表面轮廓测量仪、激光共聚焦显微镜、白光干涉仪、变焦显微镜等仪器的准确校准需求；配合纳米晶格结构标准器组，可用于透射电子显微镜的准确校准；配合10～200nm的硅基纳米薄膜厚度标准器组，可用于纳米薄膜厚度测量仪、微米薄膜厚度测量仪等薄膜厚度测量仪器的准确校准。

标准物质是标准器的类型之一，是具有足够均匀和稳定的特定性质的物质，其特性被证实适用于测量中或标称特性检查中的预期用途。附有由权威机构发布的文件，提供使用有效程序获得的具有不确定度和溯源性的一个或多个特性量值的标准物质为有证标准物质。目前，中国计量科学研究院联合国内研究院所或高校已经成功获批了多种纳米几何结构标准物质。

（1）纳米台阶标准物质（9种）

2011年，中国计量科学研究院与国家纳米中心联合获得5个系列纳米台阶高度国家一级标准物质证书及计量器具许可证。该系列标准物质包括50nm、100nm、200nm、500nm、1000nm五种台阶高度，是由两家单位经过5年的通力合作完成的，是国家首次批准的物理量纳米标准物质。

2020年，中国计量科学研究院与西安交通大学联合获批了4种量值小于50nm的台阶高度国家一级标准物质，包括5nm、10nm、20nm、40nm，填补了国内量值小于50nm的台阶高度标准物质的空缺，同时超越了美国和德国8nm的工艺水平。这种极小量值的纳米台阶高度，不仅加工工艺复杂，定值技术也极具挑战性，不但要求测量分辨力和噪声水平达到亚纳米量级，还要确保量值实现向米定义基准的直接溯源。纳米台阶高度标准物质通过薄膜沉积和刻蚀这两个步骤进行制备。为了解决台阶制备过程中目标高度难制备、表面质量差、台阶边缘质量差等问题，西安交通大学利用原子层沉积（atomic layer deposition，ALD）技术与光刻和湿法刻蚀得到纳米台阶。

这9种纳米台阶高度标准物质均采用了"毫米级纳米几何结构样板校准装置"（〔2015〕国量标计证字第279号）进行绝对法定值，定值结果直接溯源至激光波长国家基准，定值数据准确可靠，不确定度达到国际先进水平，实物图如图2-19所示，具体指标如表2-4所列。

图2-19　纳米台阶高度标准物质

表2-4　纳米台阶高度标准物质

名称	编号	标准值/nm	不确定度（k=2）
纳米台阶高度标准物质	GBW13954	1000	0.6%
纳米台阶高度标准物质	GBW13953	500	0.8%
纳米台阶高度标准物质	GBW13951	200	1.2%
纳米台阶高度标准物质	GBW13952	100	1.8%
纳米台阶高度标准物质	GBW13950	50	2.8%
纳米台阶高度标准物质	GBW13978	40.8	2.0nm
纳米台阶高度标准物质	GBW13977	21.3	2.0nm
纳米台阶高度标准物质	GBW13976	10.8	1.0nm
纳米台阶高度标准物质	GBW13975	6.6	1.2nm

（2）纳米栅格标准物质（13 种）

2020 年，中国计量科学研究院联合同济大学申报了标准值为 212.8nm 的一维铬纳米光栅标准物质、106.4nm 的一维硅纳米光栅标准物质。该标准物质采用原子光刻技术 / 软 X 射线干涉光刻技术，利用激光驻波场通过原子的偶极力操纵原子运动，使得经过冷却的原子束穿过激光驻波场在基板上形成周期性的光栅结构，其栅格间距直接可以溯源到铬能级跃迁频率，具有良好的均匀性与一致性，最后采用"毫米级纳米几何结构样板校准装置"进行定值，量值直接溯源到国家长度基准。栅格周期不确定度仅 0.7nm，和美国 VLSI 公司栅格质量相当。该标准物质对构建我国自主可控的纳米量传体系，实现纳米长度量值传递的关键器件替代进口，对国家的信息产业发展具有重要的支撑意义。

依托"国家质量基础的共性技术研究与应用"专项，"纳米几何特征参量计量标准器研究及应用示范"项目组研制的一维、二维纳米栅格标准物质属于纳米尺度计量研究的共性关键技术与基础支撑，有力地支撑了我国纳米产业的健康持续发展。该系列标准物质于 2021 年成功获批，基于电子束直写（EBL）技术结合原子层沉积（ALD）技术的制备方法，EBL 技术可避免使用掩模版曝光过程中光衍射效应引起的加工误差，从而保证纳米栅格标准物质特征尺寸的准确度，并为纳米周期结构的多样性以及特征尺寸进一步减小提供了可能。而通过 ALD 技术在纳米栅格标准物质表面沉积高度均匀的薄膜，可对已成型二维纳米栅格标准物质的线宽进行微小修正，消除因加工工艺不稳定导致的实际特征尺寸与设计值之间的偏差，解决纳米光刻、湿法刻蚀等传统纳米加工工艺无法保障标准物质特征尺寸准确、均匀的问题，并满足不同测量仪器对标准物质校准结构占空比的不同需求。最后采用单一原级定值方法，用"毫米级纳米几何结构样板校准装置"，使量值直接溯源到国家长度基准。一维纳米栅格标准物质共 5 种，包括 100nm、200nm、400nm、500nm、1000nm；二维纳米栅格标准物质共 5 种，包括 200nm、500nm 分离型，200nm、1000nm、2000nm 正交型。部分样板实物图如图 2-20 所示，具体指标见表 2-5。

图 2-20　纳米栅格标准物质部分样板实物图

表 2-5 纳米栅格标准物质

名称	编号	标准值 /nm		不确定度（*k*=2）
扫描探针显微镜和扫描电子显微镜用一维纳米栅格标准物质	GBW13956	400.5		2.7nm
一维铬纳米光栅标准物质	GBW13982	212.8		1.1nm
一维硅纳米光栅标准物质	GBW13983	106.4		0.7nm
一维纳米栅格标准物质	GBW（E）130698	500		3.2nm
一维纳米栅格标准物质	GBW（E）130699	1000		4.9nm
一维纳米栅格标准物质（100nm）	GBW（E）130734	100.5		1.5%
一维纳米栅格标准物质（200nm）	GBW（E）130732	200.8		0.9%
二维分离型纳米栅格标准物质	GBW（E）130697	*X*	500.0	3.2nm
		Y	500.0	
二维交叉型纳米栅格标准物质	GBW（E）130695	*X*	1000.0	4.9nm
		Y	1000.0	
二维交叉型纳米栅格标准物质	GBW（E）13696	*X*	2000.0	7.2nm
		Y	2000.0	
二维分离型纳米栅格标准物质（200nm）	GBW（E）130765	*X*	200.8	1.0%
		Y	200.7	
二维正交型纳米栅格标准物质（200nm）	GBW（E）130766	*X*	200.7	1.1%
		Y	200.1	
二维铬纳米栅格标准物质	GBW（E）130838	*X*	212.8	0.6%
		Y	212.8	0.5%
		θ	90.0	0.3%

（3）纳米线宽标准物质（2 种）

2021 年，中国计量科学研究院联合同济大学申报了线宽值为 40nm、80nm 和 160nm 的多结构线宽标准物质，实物图如图 2-21 所示，填补了国内纳米线宽标准物质的空缺。该标准物质采用多层膜沉积技术，"膜层厚度"转化为"线条宽度"，线边缘粗糙度小，线宽量值稳定；而且是切割得到线宽的结构区域，轻而易举可以达到毫米量级，同时以硅和二氧化硅为原材料，与半导体行业完全兼容，易于向半导体行业进行推广。

图 2-21 纳米线宽标准物质实物图

2021 年，中国计量科学研究院联合西安交通大学申报了 500nm 线宽标准物质，该标准物质通过电子束直写光刻结合剥离工艺在最优的工艺参数下制备出设计好的纳米线宽图形，实现纳米小尺度加工，然后根据设计要求和实测结果确定需要调整的线宽尺寸，通过 ALD 技术在纳米线宽结构表面沉积厚度可控的薄膜，使薄膜厚度值等于线宽偏差值的二分之一，从而制备出具有精确几何特征尺寸的纳米线宽结构。纳米线宽标准物质指标见表 2-6。

表 2-6 纳米线宽标准物质指标

名称	编号	标准值 /nm	不确定度（$k=2$）
多结构硅纳米线宽标准物质	GBW（E）130744	165.4	5.4%
		84.2	6.0%
		44.9	8.5%
纳米线宽标准物质（500nm）	GBW（E）130763	504.9	4.0%

（4）膜厚标准物质（6 种）

2020 年，中国计量科学研究院与西安交通大学联合申报了 2 ～ 50nm 的晶圆级薄膜厚度标准物质，具体指标如表 2-7 所列，实物图如图 2-22 所示。采用原子层沉积（ALD）技术的制备方法，使用计量型激光椭偏仪完成定值，可溯源到国家米定义波长基准，结果准确可靠，同时具有良好的均匀性和稳定性。该系列晶圆级氧化铝薄膜厚度标准物质，是在单晶 Si 基片上面生长 Al_2O_3 薄膜来获得具有 Si/Al_2O_3 结构的标准物质，不仅可以避免单晶 Si 基片在空气中自然缓慢氧化或者在高温高湿等极端条件下发生剧烈氧化导致 SiO_2 薄膜厚度量值不稳的问题，弥补了国际上知名厂商 VLSI 晶圆级标准器的不足，还拓展了晶圆级纳米薄膜厚度标准器的使用范围。此外，国内目前只有小尺寸膜厚片，而该膜厚标准片是 8 英寸的晶圆级氧化铝薄膜厚度标准片，填补了国内晶圆级膜厚度标准物质的空缺，而且该标准片可切割成任意小尺寸来使用，灵活性高，即兼容了非标小尺寸薄膜厚度标准物质的应用要求。

表 2-7　膜厚标准物质指标

名称	编号	标准值 /nm	不确定度（$k=2$）/nm
8in 晶圆级氧化铝薄膜厚度（2～4nm）标准物质	GBW（E）130738	3.51	0.41
8in 晶圆级氧化铝薄膜厚度（4～6nm）标准物质	GBW（E）130739	5.56	0.43
8in 晶圆级氧化铝薄膜厚度（7～9nm）标准物质	GBW（E）130740	8.34	0.46
8in 晶圆级氧化铝薄膜厚度（10～15nm）标准物质	GBW（E）130741	12.39	0.50
8in 晶圆级氧化铝薄膜厚度（20～30nm）标准物质	GBW（E）130742	24.02	0.52
8in 晶圆级氧化铝薄膜厚度（40～50nm）标准物质	GBW（E）130743	49.73	0.56

图 2-22　晶圆级薄膜厚度标准物质实物图

2.4 ▶ 国内外纳米计量领域相关委员会

2.4.1　纳米计量领域国外计量技术委员会

　　广义的国际计量局（BIPM）是指《米制公约》成立的政府间国际计量组织，即国际米制公约组织，各成员国通过该组织共同开展计量科学与计量标准有关工作。国际计量委员会（CIPM）是国际米制公约组织（BIPM）的领导和监督机构，下设 10 个咨询委员会，其中长度咨询委员会（CCL）成立于 1952 年，主要负责协调所属专业范围的国际研究工作；提出修改单位的定义和量值的建议，使国际计量委员会可以直接作出决定或提交国际计量大会批准；负责解答本专业的有关问题；并成立了纳米工作组（WG-N），为纳米计量专家提供一个分享他们的经验、讨论标准化需求以及确定纳米计量的发展趋势和溯源性需求的平台，负责促进纳米计量的研究与提升计量校准能力等。

2.4.2 纳米计量领域国内计量技术委员会

全国几何量长度专业计量技术委员会（以下简称技术委员会）于 1997 年 8 月成立。技术委员会是在国家质量监督检验检疫总局的领导和授权下工作的技术性组织，负责规划和实施计量技术法规的制定、修订和贯彻实施方面的工作，同时开展其他有关的工作，如为国家关键量比对的组织和实施提供建议和技术支持；受国务院有关部门和有关省、自治区和直辖市计量行政部门的委托，承担本专业领域内部门和地方计量技术法规的制定、修订、宣贯、咨询等技术服务工作。

为了满足半导体集成电路、先进制造、微纳加工等纳米产业的需求，几何量计量领域向纳米尺度进行了延伸，于 2019 年成立了全国几何量长度计量技术委员会纳米几何量技术工作组（MTC2/WG2），秘书处设在中国计量科学研究院，负责规划和实施纳米尺度计量技术法规的制定、修订和贯彻实施方面的工作。

现行的纳米几何量领域国家计量技术规范包括《扫描探针显微镜校准规范》（JJF 1351—2012）、《扫描电子显微镜校准规范》（JJF 1916—2021），已通过审查待发布的有《X 射线能谱仪校准规范》《透射电子显微镜校准规范》《激光共聚焦显微镜校准规范》《微纳米几何量计量器具》等。今后纳米几何量国家计量技术规范项目计划包括《接触式台阶测量仪校准规范》《接触式表面轮廓测量仪校准规范》《白光干涉仪校准规范》《变焦显微镜校准规范》《薄膜厚度测量仪校准规范》等。相关国家计量技术规范的制修订工作是对纳米几何量计量技术体系的补充和完善，是纳米几何量计量工作顺利开展的重要技术依据。

2.4.3 纳米计量领域国外标准化委员会

随着纳米研究领域的发展，各个国际及区域标准化组织涉及纳米标准化领域的专业委员会及其下属工作组越来越多。目前国际标准化组织为纳米技术分技术委员会（ISO/TC229），下设 7 个工作组，包括主席咨询工作组（CAG）、术语和名词工作组（JWG1）、测量和表征工作组（JWG2）、纳米技术的可持续、消费者和社会层面工作组（TG2）、纳米技术的健康、安全和环境问题工作组（WG3）、材料规范工作组（WG4）以及产品和应用工作组（WG5），现已发布 109 项纳米技术国际标准，另有 26 项标准正在进行中。

2.4.4 纳米计量领域国内标准化委员会

2001 年，中国科学院常务副院长、国家纳米科技领导小组负责人白春礼院士等在接受人民日报记者采访时就提出，要防止"纳米幌子"对消费者的误导，最重要的是加紧纳米技术标准的制定，引导和规范纳米产品市场秩序。只有这样，纳米科技的产业化才能得到市场持续性的支持，健康有序发展。

2005 年 4 月 1 日，国家标准化管理委员会正式发文批准成立全国纳米技术标准化技术委员会（以下简称"纳米标委会"）（SAC/TC279），秘书处设在国家纳米科学中心。纳米标委会的工作范围主要是负责纳米技术领域的基础性国家标准（包括纳米尺度测量、纳米尺度加工、纳米尺度材料、纳米尺度器件、纳米尺度生物医药等方面的术语、方法和安全性要求等）制修订工作，不包括产品标准。

纳米标委会成立后，根据我国纳米科技发展趋势及纳米技术产业化的需求，为了与国际纳米技术发展保持同步，分别成立了纳米材料分技术委员会（TC279/SC1）、上海地区纳米技术工作组（TC279/WG1）、微纳加工技术标准化工作组（TC279/WG3）、纳米压入与划入标准化技术工作组（TC279/WG4）、纳米检测技术标准化工作组（TC279/WG5）、纳米健康安全和环境标准化工作组（TC279/WG6）、纳米储能技术标准化工作组（TC279/WG7）、纳米技术名词术语工作组（TC279/WG8）、低维纳米结构与性能工作组（TC279/WG9）、纳米光电显示技术标准工作组（TC279/WG10）、苏州地区纳米技术标准化工作组（TC279/WG11）、纳米生物医药标准化工作组（TC279/WG12），这些分技术委员会和工作组的成立，对开展相关地区和领域的纳米技术标准化工作起到积极的推动作用。与此同时，纳米检测技术标准化工作组、纳米储能技术标准化工作组已基本完成筹建，纳米名词术语工作组在筹建之中，纳米标委会机构设置如图 2-23 所示。

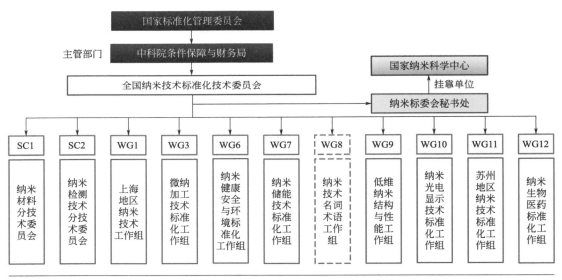

图 2-23　纳米标委会机构设置

第3章
纳米检测技术

纳米计量是保证纳米测量与表征准确性和可溯源性的重要手段，纳米检测技术就是纳米计量、纳米科技与高科技产业发展的基础，它利用多种学科，特别是物理学中的某些基本理论和基本现象，如光干涉原理、隧道效应和晶体衍射理论等，将波长物理参数与高科技产业、先进制造业等的相关仪器和装置联系起来，从而可以观测到纳米级甚至亚纳米级物体。

近几十年来，随着计量技术的飞速发展，目前已经出现了多种可以实现纳米计量的检测技术及仪器，第1章中已经覆盖了多种检测技术，本章对其进行了扩充与分类，并着重介绍各种检测技术的工作原理。纳米检测技术主要分为光学显微成像技术、扫描探针显微技术、电子束显微技术、纳米位移测量技术，其中基于光学显微成像技术的主要包括白光干涉仪、激光共聚焦显微镜、X射线衍射仪、椭偏仪、动态光散射仪等测量仪器；基于扫描探针显微技术的主要包括扫描隧道显微镜、原子力显微镜、磁力显微镜、静电力显微镜、横向力显微镜、触针式台阶仪等测量仪器；基于电子束显微技术的主要包括透射电子显微镜、扫描电子显微镜等测量仪器；基于纳米位移测量技术的主要包括激光干涉系统、电容测微系统与电感测微系统。

3.1 ▶ 光学显微成像技术

3.1.1 白光干涉仪

白光干涉仪（white light interferometer, WLI）为非接触式的3D显微物体表面检测仪器，主要是结合传统光学显微镜与白光干涉组件，使得仪器同时具备光学显微检测与白光干涉扫描物体表面的功能，可进行显微3D表面检测、膜厚测量与表面粗糙度测量等。

白光的波长范围一般为380 ～ 780nm，因为它包含了可见光的整个光谱区域，所以它的相干长度很短，在几到十几微米，因此只有当参考光与测试光的光程差接近于零的时候才会出现干涉条纹。当发生干涉时，在光源光谱范围内的不同波长的光均会形成一组干涉条纹，并且它们的非相干叠加会形成白光干涉条纹。由于波长不同，每个单色光的干涉条纹间距也不相同。当光程差为零时，每个单色光的零阶干涉条纹完全重叠，并且在非相干叠加之后，白光干涉信号的零阶干涉条纹具有最大的条纹对比度和光强度值。随着光程差的不断增大，每个单色光的干涉条纹的最小值和最大值交替出现，并且条纹之间的错位将变得越来越大，因此非相干叠加后白光干涉条纹的强度将不断减小并变成对比度降低的彩色条纹，直到最终消失。

　　白光干涉仪是利用迈克尔逊干涉原理根据 CCD 所采集图像的光强值，得到物体表面的相对高度值的一种测量方法。选用白光作为光源是因为其不同于激光的单一频率，为各频段单色光的叠加，具有连续光谱。在发生干涉时，只有在零光程差的位置，各波长的干涉相长情况一致，此时达到光强极值，基本工作原理如图 3-1 所示。干涉仪根据干涉光路结构的不同可分为 Michelson 型、Linnik 型和 Mirau 型，如图 3-2 所示。

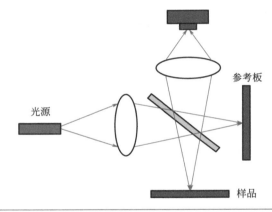

图 3-1　白光干涉仪工作原理示意图

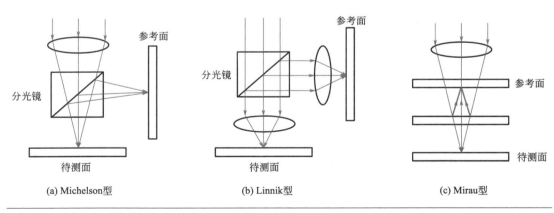

(a) Michelson型　　　　　(b) Linnik型　　　　　(c) Mirau型

图 3-2　光路结构图

　　在 Michelson 型结构中，测量光与参考光是分光路，且数值孔径较小，因此导致了其测量的水平分辨力不会很高。Linnik 型干涉光路的测量光与参考光也是分光路结构，该结构需要两个性能精度完全相同的物镜，物镜的工作距离可以较短，但数值孔径需较大，从而具有较高的水平分辨力。

白光干涉仪具有很多优点：一是非接触高精密测量，不会划伤甚至破坏工件；二是测量速度快，不必像探头逐点进行测量；三是不必作探头半径补正，光点位置就是工件表面测量的位置；四是对高深宽比的沟槽结构，可以快速而精确地得到理想的测量结果。随着白光干涉测量技术的发展和完善，白光干涉测量仪器已经得到了广泛的应用，可以提供更高精度的检测需求。

(1) 金属球表面形貌测量

干涉显微镜测量钢球表面粗糙度能够直观地显示表面加工纹理的不平度，利用白光干涉特性即多波长干涉时，分别从被测表面和标准镜面反射的两束光产生的干涉条纹只出现在被测表面的最佳聚焦位置附近的很小区域，通过定位干涉条纹的光强峰值所在位置，可实现对被测表面的重构，而不会出现相位包裹问题，能精确有效地测量算术平均偏差 R_a 为 $0.008 \sim 2.0\mu m$ 的钢球三维表面形貌。再利用垂直位移台完成垂直扫描过程，垂直扫描白光干涉系统基于 Linnik 型干涉仪，包括光学部分、扫描工作台、CCD 摄像机和计算机，如图 3-3 所示。压电陶瓷驱动工作台带动被测件使其不同高度的表面到达零光程差位置产生干涉条纹，由 CCD 记录整个扫描过程中干涉条纹的变化状况，提取被测件的表面形貌。结合水平位移台该系统可进行大面积的形貌测量。

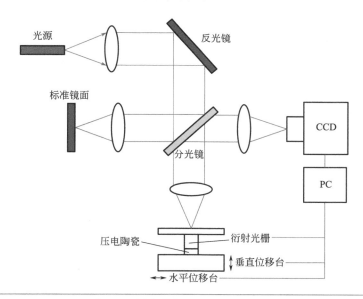

图 3-3　垂直扫描白光干涉仪系统结构图

(2) 材料腐蚀测量

在压力容器运行过程中，压力容器材料会不可避免地与环境介质发生化学或者电化学作用，从而引发腐蚀。在众多的腐蚀类型中，点蚀是一种典型的局部腐蚀，它对金属材料产生破坏作用。通常，采用最大蚀坑深度来评价点蚀，而光学显微镜和扫描电子显微镜等表面形貌分析仪器，只能对点蚀坑的二维平面进行放大观察并准确测量蚀坑直径，不能对蚀坑的深度进行准确测量。白光干涉仪则可以对选定区域的蚀坑进行三维扫描测量，并给出蚀坑的三维形貌和准确的深度数据。因而，白光干涉仪广泛应用于材料点蚀的三维形貌观察及测量。

3.1.2 激光共聚焦显微镜

激光共聚焦显微术（confocal laser scanning microscopy）是一种高分辨力的显微成像技术。普通的荧光光学显微镜在对较厚的标本进行观察时，来自观察点邻近区域的荧光会对结构的分辨力形成较大的干扰。共聚焦显微技术的关键点在于，每次只对空间上的一个点（焦点）进行成像，再通过计算机控制一点一点地扫描形成标本的二维或者三维图像。在此过程中，来自焦点以外的光信号不会对图像形成干扰，从而大大提高了显微图像的清晰度和细节分辨能力。

共聚焦显微原理示意图如图 3-4 所示，用于激发荧光的激光束（laser）透过入射小孔（lightsource pinhole）被二向色镜（dichroic mirror）反射，通过显微物镜（objective lens）汇聚后入射于待观察的标本（specimen）内部焦点（focal point）处。激光照射所产生的荧光（fluorescence light）和少量反射激光一起，被物镜重新收集后送往二向色镜。其中携带图像信息的荧光由于波长比较长，直接通过二向色镜并透过出射小孔（detection pinhole）到达光电探测器（optoelectronic detector）[通常是光电倍增管（PMT）或是雪崩光电二极管（APD）]，变成电信号后送入计算机。而由于二向色镜的分光作用，残余的激光则被二向色镜反射，不会被探测到。其中起关键作用的是出射小孔，只有焦平面上的点所发出的光才能透过出射小孔，焦平面以外的点所发出的光在出射小孔平面是离焦的，绝大部分无法通过中心的小孔。因此，焦平面上的观察目标点呈现亮色，而非观察点则作为背景呈现黑色，反差增加，图像清晰，如图 3-5 所示。在成像过程中，出射小孔的位置始终与显微物镜的焦点（focal point）是一一对应的关系（共轭，conjugate），因而被称为共聚焦（con-focal）显微技术。

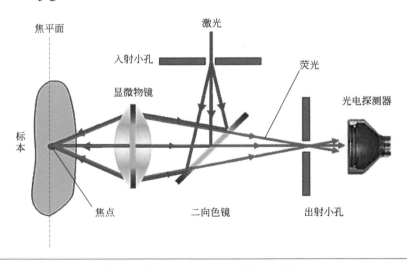

图 3-4 激光共聚焦扫描显微镜简化原理图

纳米计量基础与应用

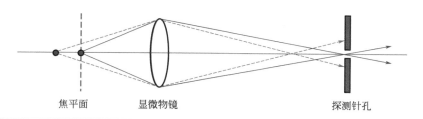

焦平面　　　　　显微物镜　　　　　　　　　　探测针孔

图 3-5 探测针孔的作用示意图

激光共聚焦扫描显微镜工作原理如图 3-6 所示，由显微镜光学系统、共聚焦扫描装置、激光光源、检测成像系统四部分组成。激光共聚焦扫描显微镜主要包含以下部件。① 共轭聚焦装置包括照明针孔和探测针孔。照明针孔位于激光器前面，功能是使激光产生出点光源。探测针孔位于检测器前面，功能是起到空间滤波器的作用，阻挡非聚焦平面的散射光和聚焦平面上非聚焦点斑以外的散射光通过。在光路系统中，照明针孔、探测针孔和焦平面组成共轭体系，三者共同形成共聚焦装置。② 各种分光镜和滤色镜的功能是将各种不同的光分开或过滤。③光电倍增管（探测器）的功能是收集、放大通过检测针孔的荧光信号，并将光信号转变为电信号，最终传输至计算机成像。④激光器的功能是产生各种波长的激光光源，用于样品荧光的扫描。

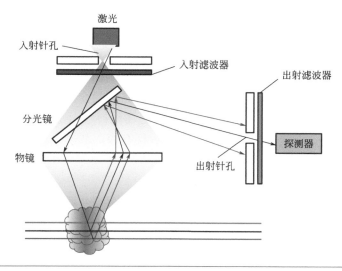

激光

入射针孔

入射滤波器

出射滤波器

分光镜

探测器

物镜

出射针孔

图 3-6 激光共聚焦扫描显微镜工作原理图

与传统光学显微镜和普通荧光显微镜相比，激光共聚焦扫描显微镜具有更高的分辨力，可实现多重荧光的同时观察并可形成清晰的三维图像，因此在对生物样品的成像中，激光共聚焦扫描显微镜有如下优越性：可以对活细胞和组织或细胞切片进行连续逐层扫描，获得精细的细胞骨架、染色体、细胞器和细胞膜系统的三维图像；可以得到比普通荧光显微镜更高对比度、更高分辨力的图像；可以获得多维图像，如三维图像时间序列扫描、旋转扫描、区域扫描和光谱扫描，同时方便进行图像处理；可以在同一个样品上进行同时多重荧光标记、同时观察、多通道扫描成像；对细胞检测无损伤，数据图像容易获得和处理。

用高能电子束轰击阳极靶面产生 X 射线，其波长为 0.06 ～ 20nm，它具有靶中元素相对应的特定波长，称为特征 X 射线。特征 X 射线与晶体中原子间的距离为同一数量级，晶体可以作为 X 射线的空间衍射光栅，当一束单色 X 射线照射到某一结晶物质上时，由于晶体中原子的排列具有周期性，当某一层原子面的晶面间距 d 与 X 射线入射角 θ 之间满足 $2d\sin\theta=n\lambda$ 时，就会在反射方向上得到因叠加而加强的衍射线，如图 3-7 所示。

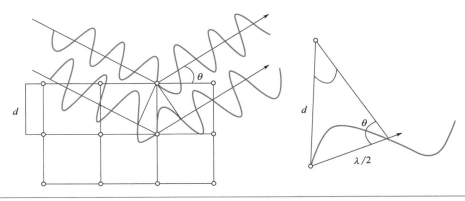

图 3-7　X 射线衍射原理图

将返回的衍射线回收进入检测器，就可以形成衍射图样。对于晶体材料，当待测晶体与入射光束呈不同角度时，那些满足布拉格衍射的晶面就会被检测出来，体现在 XRD 图谱上就是具有不同的衍射强度的衍射峰。对于非晶体材料，由于其结构不存在晶体结构中原子排列的长程有序，只是在几个原子范围内短程有序，故非晶体材料的 XRD 图谱为一些漫散射馒头峰，如图 3-8 所示。

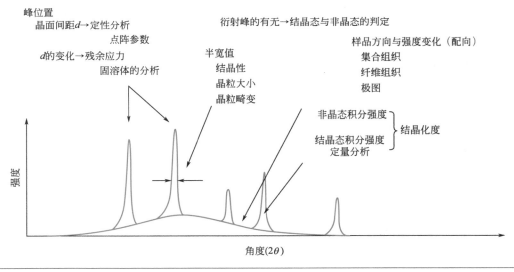

图 3-8　不同状态物质的 XRD 图谱

X 射线衍射（XRD）是晶体的"指纹"，不同的物质（点阵类型、晶胞大小、晶胞中原子或分子的数目和位置等不同）具有不同的 X 射线衍射特征峰值，结构参数不同则 X 射线衍射线位置与强度也就各不相同，所以通过比较 X 射线衍射线位置与强度可区分出不同的物质成分及其组成含量，如图 3-9 所示。

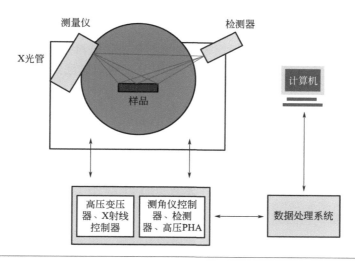

图 3-9　X 射线衍射仪分析物质成分

X 射线衍射仪主要由四个部分组成：①高稳定度 X 射线源提供测量所需的 X 射线，改变 X 射线管阳极靶材质可改变 X 射线的波长，调节阳极电压可控制 X 射线源的强度；②样本靶台及样品位置调整机构，样品须是单晶、粉末、多晶或微晶的晶体块；③ X 射线探测器可检测衍射强度和衍射方向，通过仪器测量记录系统或计算机处理系统可以得到多晶衍射图谱数据；④计算机控制处理系统和 X 射线衍射仪都安装有自动化和智能化的专用衍射图分析软件的计算机系统。

X 射线衍射分析物相和晶体结构的方法具有不损伤样品、无污染、快捷、测量精度高、能得到有关晶体完整性的大量信息等优点，在物相鉴定、微观应力测定，甚至纳米表征等方面都有广泛应用。

（1）物相鉴定

物相鉴定是指确定材料由哪些相组成和确定各组成相的含量，主要包括定性相分析和定量相分析。每种晶体由于其独特的结构都具有与之相对应的 X 射线衍射特征谱，这是 X 射线衍射物相分析的依据。将待测样品的衍射图谱和各种已知单相标准物质的衍射图谱对比，从而确定物质的相组成。确定相组成后，根据各相衍射峰的强度正比于该组分含量（需要做吸收校正者除外），就可对各种组分进行定量分析。

（2）微观应力的测定

微观应力是指由形变、相变、多相物质的膨胀等因素引起的存在于材料内各晶粒之间或晶粒之中的微区应力。当一束 X 射线入射到具有微观应力的样品上时，由于微观区域应力取向不同，各晶粒的晶面间距产生了不同的应变，即在某些晶粒中晶面间距扩张，而在另一些晶粒中晶面间距压缩，结果使其衍射线并不像宏观内应力所影响的那样单一地向某一方向位移，而是在各方向上都平均地做了一些位移，总的效应是导致衍射线漫散宽化。材料的微观残余应力是引起衍射线线形宽化的主要原因，因此衍射线的半高宽即衍射线最大强度一半处的宽度是描述微观残余应力的基本参数。

（3）纳米材料粒径的表征

纳米材料的颗粒度与其性能密切相关。纳米材料由于颗粒细小，极易形成团粒，采用通常的粒度分析仪往往会给出错误的数据。采用 X 射线衍射线线宽法可以测定纳米粒子的平均粒径。谢乐微晶尺度计算公式为：

$$D=\frac{0.89\lambda}{\beta_{HKL}\cos\theta} \tag{3-1}$$

式中，λ 为 X 射线波长；β_{HKL} 为衍射线半高峰宽处因晶粒细化引起的宽化度。测定过程中选取多条小角度 X 射线衍射线计算纳米粒子的平均粒径。

（4）晶体取向及织构的测定

晶体取向的测定又称为单晶定向，就是找出晶体样品中晶体学取向与样品外坐标系的位向关系。虽然可以用光学方法等物理方法确定单晶取向，但 X 衍射法不仅可以精确地单晶定向，同时还能得到晶体内部微观结构的信息。多晶材料中晶粒取向沿一定方位偏聚的现象称为织构，常见的织构有丝织构和板织构两种类型。为反映织构的概貌和确定织构指数，有三种方法描述织构，即极图、反极图和三维取向函数，这三种方法适用于不同的情况。对于丝织构，要知道其极图形式，只要求出其丝轴指数即可，X 射线衍射仪法是可用的方法。板织构的极点分布比较复杂，需要两个指数来表示，多用 X 射线衍射仪进行测定。

3.1.4 椭偏仪

椭圆偏振仪简称椭偏仪（ellipsometry），它是利用椭圆偏振光与物质相互作用后偏振状态的变化去探测物质的性质，是一种有效研究薄膜与表面的仪器。

众所周知，光是一种横向电磁波，电场强度和磁场强度与光的传播方向构成一个右旋的正交三矢族，光的偏振态与光的强度、频率和相位等参量一样也是光的基本量之一。如果我们已知入射光的偏振态经过某薄膜反射或透射后的出射光偏振态，就能确定影响系统光学性能的该薄膜的光学参量，如折射率、薄膜厚度等。如图 3-10（a）所示，一束非偏振激光经过起偏器后变成线偏振光，通过改变起偏器的方位角可以改变线偏振光的偏振方向。当此线偏振光穿过 1/4 波片后由于晶体的双折射效应分成两束光，即 O 光和 E 光。对于由正晶体组成的 1/4 波片，O 光沿晶体光轴的快轴方向偏振，E 光将沿其慢轴方向偏振，E 光的偏振位相比 O 光超前 $\pi/2$；对负晶体的 1/4 波片，O 光和 E 光的传播情况相反，因此，O 光、E 光合成后形成椭圆偏振光。如图 3-10（b）所示，当椭圆偏振光入射到样品表面上时，反射光的偏振态会发生变化，对于一定的样品，通过转动起偏器，总可以找到一个起偏角使得反射光由椭圆偏振光变成线偏振光，再转动检偏器，在某个检偏角下实现消光状态。这种方法被称为消光测量法。

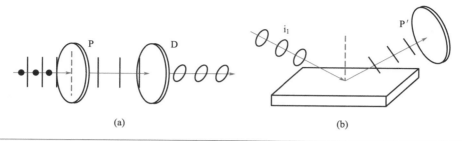

图 3-10 椭圆偏振光的产生

与其他的通过薄膜透射和反射谱解析薄膜光学参量的方法相比，椭圆偏振法由于无须测定光强的绝对值，因而具有较高的精度和灵敏度，而且其测试方便，对样品无损伤，所以在光学薄膜材料研究中受到极大的关注。随着椭偏光谱仪的出现以及速度更快的自动化光度式椭偏仪的发展，椭偏仪在检测和实时测量等工业应用领域得到了迅速而广泛的应用，如今，椭偏仪已成为半导体工业测量薄膜厚度和光学常数的标准仪器。根据工作原理，椭偏仪主要分为消光式和光度式两类。在普通椭偏仪的基础上，又发展了光谱式椭偏仪、红外椭偏光谱仪和广义椭偏仪。

（1）消光式椭偏仪

消光式椭偏仪主要由光源、起偏器、补偿器、检偏器和探测器组成。消光式椭偏仪通过旋转起偏器和检偏器的角度，从而可以得到起偏器、补偿器和检偏器的一组方位角使入射到探测器上的光强最小，由这组方位角可以得出样品的椭偏参量。测量精度主要由偏振器件的角度定位精度所决定，引起系统误差的因素较少，测量准确。但由于测量时需要读取、计算偏振器件的方位角，影响了测量速度，所以消光式椭偏仪主要用于高校实验室，即对测量速度没有太高要求的场合，而在工业上主要应用的是光度式椭偏仪。

（2）光度式椭偏仪

光度式椭偏仪首先对探测器接收到的光强进行傅里叶分析，再根据傅里叶常数推导得出椭偏参量。光度式椭偏仪不需要测量偏振器件的方位角，而是直接对探测器接收的光强信号进行傅里叶分析，所以测量速度比消光式椭偏仪快，主要适用于在线检测和实时测量等领域。

（3）光谱式椭偏仪

对于多层薄膜，如果只有一组椭偏参量，我们无法确定各层薄膜的光学常数和厚度，而且材料的光学常数是随入射光波长改变而变化的，为了准确得到光学常数与入射光波长的变化关系，得到多组椭偏参量，Aspnes 等利用光栅单色仪产生可变波长，研制出了第一台光谱式椭偏仪，使得椭偏仪从单波长测量向多波长的光谱式测量发展。

(4) 红外椭偏光谱仪

红外椭偏光谱仪主要应用于测量在紫外波段到可见波段消光系数较大或者厚度在几个微米以上的薄膜的厚度和光学常数。目前,红外椭偏光谱仪将低频的傅里叶变换光谱仪和高频的性能测定设备结合,已经成为半导体行业对异质结构多层膜的相关参量进行测量的标准仪器。

(5) 广义椭偏仪

利用椭偏仪测量样品的光学参数,当探测光与样品相互作用时,如果样品是各向同性的,探测光的 p 分量和 s 分量互不干涉,各自进行反射;若样品是各向异性的,则探测光与样品相互作用后反射光的 p 分量和 s 分量相互转化。由于标准椭偏仪只考虑反射光的 p 分量和 s 分量各自的反射情况,只能用于测量各向同性样品的光学参量,为测量各向异性的样品,出现了广义椭偏仪。磁光椭偏就是广义磁光椭偏的一种应用形式,它是利用椭偏实验原理测量磁性材料的磁光性质的典型应用。

3.1.5 动态光散射

动态光散射(dynamic light scattering, DLS),也称为光子相关谱法,是利用光子相关原理测量液体中颗粒动态参数的一种方法。动态光散射法测量不依赖于尺度标定,且为非介入式测量,是研究亚微米颗粒悬浮液动力学参数的可靠方法,目前已被广泛应用于粒度测量。

在均匀介质中,没有外场作用时,物质内原子或分子中的带电粒子受到准弹性力的作用,从而保持在一定位置和固有振动频率的状态,此时各偶极子的取向是没有规则的。当电磁波入射并与介质相互作用时,对于均匀介质,电偶极子被迫做受迫振动,形成的次波相干叠加,使得后续光线只存在于折射方向。而当介质不均匀时(介质中电场、相位、粒子数密度、声波的变化等都能引起介质的不均匀),振荡偶极子次波的整齐的相干性不复存在,次波的叠加使得后续光场在所有方向传播,形成散射。

动态光散射理论以悬浮液中的分子动理论为基础。悬浮在流体介质中的颗粒由于被液体中快速移动的原子或分子碰撞而做随机运动,即布朗运动,该运动使散射光产生多普勒频移。颗粒在液体中,由于布朗运动,颗粒的位置和颗粒间的相对位置是随时变化的,当激光入射时,在固定位置上其散射光的强度因此也是随机波动的,如图 3-11 所示。在时间上,表现为围绕一均值不断地涨落。

颗粒的布朗运动与温度和颗粒大小有关。温度越高,根据分子动理论,布朗运动越显著。温度一定时,颗粒越小,其与液体分子的接触面积越小,同时撞击颗粒的液体分子越少,因此小颗粒受到的合力的随机性越大。布朗运动的显著程度和动态散射光强的波动快慢直接相关,因此通过对散射光强度时域变化的测量,可间接获得布朗运动的强烈程度,而当温度和其他条件一定时,该强度只与悬浮液中颗粒大小有关,通过对散射光时域波动的测量可实现对颗粒粒径的间接测量。如图 3-12 所示,在动态光散射实验中,激光会聚集在样品上,可在与激光传播方向成 θ 角的方向上放一个探测器。

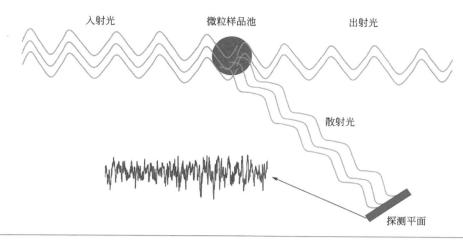

图 3-11　散射光探测示意图

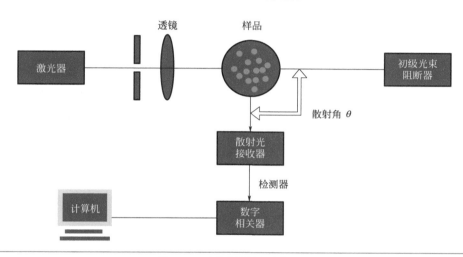

图 3-12　动态光散射实验装置图

图 3-12 中，散射角为 θ，$\boldsymbol{k}$ 和 $\boldsymbol{q}$ 分别是入射光和散射光的波矢量，入射矢量的模为

$$|\boldsymbol{k}|=\frac{2\pi n}{\lambda} \tag{3-2}$$

式中，n 为介质的折射率；λ 为入射光或散射光的波长。

$$\boldsymbol{q}=\boldsymbol{k}_{\mathrm{i}}-\boldsymbol{k}_{\mathrm{s}} \tag{3-3}$$

散射矢量的模为

$$|\boldsymbol{q}|=\sqrt{\boldsymbol{k}_{\mathrm{i}}^{2}+\boldsymbol{k}_{\mathrm{s}}^{2}-2k_{\mathrm{i}}k_{\mathrm{s}}\cos\theta} \tag{3-4}$$

$\boldsymbol{k}_{\mathrm{i}}$ 与 $\boldsymbol{k}_{\mathrm{s}}$ 分别是入射光波矢量与散射光波矢量由于 $|\boldsymbol{k}_{\mathrm{i}}|=|\boldsymbol{k}_{\mathrm{s}}|$，则

$$q=|\boldsymbol{q}|=\frac{4\pi n\sin\dfrac{\theta}{2}}{\lambda} \tag{3-5}$$

式中，q 为散射光波矢量的幅度大小。系统确定以后，散射矢量 q 只与散射角 θ 有关。

假设测量的对象通常为单分散系统，单分散系统是指被测量的颗粒体系粒径均一的体系，自相关函数：

$$g^1 = \exp(-\Gamma\tau) \tag{3-6}$$

即为单指数形式测得散射光的光强，经过相关处理，得到光强的自相关函数：

$$g^2(\tau) = A[1+\beta\exp(-2\Gamma\tau)] \tag{3-7}$$

式中，A 为光强的自相关函数的基线，经过足够长的时间后自相关函数衰减的终值；β 为相干系数，归一化的自相关函数曲线在纵轴的截距；Γ 为函数曲线的衰减率，也就是线宽：

$$\Gamma = Dq^2 \tag{3-8}$$

D 为多普勒频移测得溶液中分子的扩散系数，对于球形颗粒，流体力学等效直径 d 与扩散系数 D 的关系由 Stokes-Einstein 公式得到

$$D = \frac{k_{\mathrm{B}}T}{3\pi\eta d} \tag{3-9}$$

式中，k_{B} 为 Boltzmann 常数；T 为溶液的热力学温度；η 为溶液的黏滞系数。所以求得散射颗粒的粒径为流体力学直径：

$$d = \frac{16k_{\mathrm{B}}T\pi\sin^2\dfrac{\theta}{2}}{3\pi\eta\lambda^2\Gamma} \tag{3-10}$$

根据已有的分子半径 - 分子量模型，又可以算出分子量的大小。

动态光散射技术可以用于纳米颗粒大小、形状等的测定，对聚合物、蛋白质等生物分子的分子量、分散度、聚集状态等进行表征。动态光散射技术是胶体参数表征的主要手段，其应用主要包括以下几个方面：

① 可以快速、准确地测量溶液或者悬浮液中生物分子和纳米颗粒的流体力学半径和粒度分布；

② 可用于发现溶液中分子的聚合行为，提供分子或其聚合体大小、形状和尺寸分布等信息；

③ 可以用于研究蛋白质分子的 pH 稳定性、蛋白质分子的热稳定性及临界胶束浓度的测定；

④ 用于自相关、互相关函数的测量与研究，以及动力学研究。

基于动态光散射与金纳米材料的结合手段，可以对多种化学物质进行分析及检测。例如，人们对铅离子的含量检测技术要求的提高使得需要一种简单、准确和灵敏度高的铅测定方法。动态光散射技术为铅离子的检测提供了一种简便快速且高效的新方法，基于银纳米材料的特性，实现了对这些物质的定性、定量检测。

3.2 ▶ 扫描探针显微技术

3.2.1 扫描隧道显微镜

扫描隧道显微镜（STM）是一个通过探测扫描探针和样品之间的量子隧穿电流来分辨固体表面形貌特征的显微装置。其基本的工作原理是量子力学中的量子隧穿效应，当一个粒子的能量 E 低于前方的势垒高度 U 时，它不可能越过此势垒。但根据量子力学的原理，由于粒子存在波动性，当一个粒子处在一个势垒之中时，即使粒子的能量低于势垒的高度，粒子越过势垒出现在另一边的概率不为零，这种现象称为量子隧穿效应。

量子隧穿效应的基本原理可以通过一维方势垒模型来解释。如图 3-13 所示，势垒的高度为 V_0，宽度为 s，且满足：$V(z)=0$ $(z<0)$，$V(z)=V_0$ $(0 \leqslant z \leqslant s)$；$V(z)=0$ $(z>s)$ 当电子从势垒的左侧向势垒的右侧运动时，其状态可以由薛定谔方程表述如下：

$$\left[-\frac{h^2}{2m_e}\frac{d^2}{dz^2}+V(z)\right]\psi(z)=E\psi(z) \tag{3-11}$$

式中，m_e 是电子质量；h 是普朗克常数；$\psi(z)$ 是电子波函数；E 是电子能量。以上方程在势垒的三个区域的解分别为：

$$\begin{aligned}\psi_1 &= Ae^{i\alpha_z}+Be^{-i\alpha_z}\\ \psi_2 &= Ce^{i\beta_z}+De^{-i\beta_z}\\ \psi_3 &= Ee^{i\alpha_z}+Fe^{-i\alpha_z}\end{aligned} \tag{3-12}$$

式中，$\alpha_z=\dfrac{2m_eE}{h^2}$；$\beta_z=\dfrac{2m_e(V_0-E)}{h^2}$；$A$、$B$、$C$、$D$、$E$ 和 F 是可以通过边界条件推算出来的相应的常数；i 为虚数单位。因为电子在某处波函数的平方与在此处观测到此电子的概率成正比，而波函数的平方在势垒区域内仍是一个非零值，即电子仍有一定的概率穿过能量势垒而被观察到。

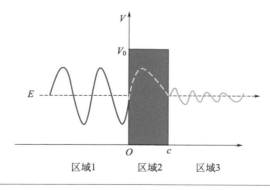

图 3-13　一维方势垒示意图

在扫描隧道显微镜实验中，首先需要在样品和探针之间施加一个偏压，当探针与样品之间的距离减小到几个纳米时，就可以探测到由量子隧穿效应引起的隧穿电流。由于隧穿电流与样品和针尖之间的间隔呈指数衰减的关系，因此扫描隧道显微镜对表面的微小形貌变化都十分敏感。使用针尖扫描过整个样品，即可得到样品表面的形貌信息。一个典型扫描隧道显微镜（STM）系统结构如图 3-14 所示，主要包括振动隔绝系统、扫描头、扫描控制和信号采集系统。由于针尖与样品之间的距离仅有几纳米，因此，必须使用振动隔绝装置来减少外界振动对实验的影响，否则针尖很有可能在外界振动的作用下戳入样品表面。一般情况下，可以使用阻尼材料、金属弹簧和涡电流装置的组合实现扫描隧道显微镜的被动隔振。扫描头主要包括粗进针装置和精细进针装置。粗进针装置具有行程长、步长大的特点，适用于样品 - 针尖距离较大时的进针，精细进针装置具有行程短、步长小的特点，适用于样品 - 针尖距离较小时的进针。其中精细进针装置主要由一个压电陶瓷管和固定在其顶端的尖锐的针尖组成。由于压电效应，当在压电陶瓷管外壁和内壁的电极上施加电压时，陶瓷管会伸长和扭转，进而带动针尖在水平和垂直方向做任意的三维运动。控制系统可以检测隧穿电流并根据设定实时做出调整，数据采集系统可以将采集到的数据进行实时处理，并以图片或曲线的形式呈现出来。

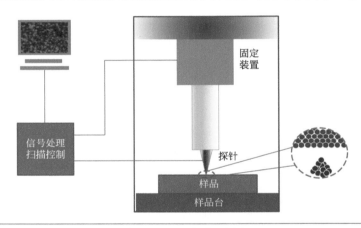

固定
装置

信号处理
扫描控制

探针

样品

样品台

图 3-14　STM 组成示意图

在 STM 实验中，通常有三个主要的工作参数：针尖高度 Z、针尖相对于样品的偏压 V 和隧穿电流 I。根据实验目的的不同，通过选择性地调控这三个参数，STM 可以有多种工作模式。最常见的工作模式有两种：恒流模式和恒高模式，如图 3-15 所示。恒流模式：在扫描过程中保持偏压 V 恒定，当针尖扫描样品表面时，利用反馈回路通过控制针尖与样品距离，使隧道电流 I 保持恒定，记录针尖高度 Z 随样品表面局域结构改变的变化。恒高模式：在扫描过程中同时保持偏压 V 和针尖的高度恒定不变，同时关闭反馈回路，使针尖在样品表面上方的一个 Z 值不变的平面内进行扫描，同时记录对应的隧道电流 I 值。由于在恒高模式中扫描信号控制不需要经过反馈回路，因此，在恒高模式下可以获得较高的扫描速度。但由于反馈回路的关闭，扫描头以恒定的高度扫描过样品表面，无法对样品表面的形貌变化做出相应的调整，容易出现撞针（探针接触到样品表面），进而损坏探针或者样品的情况。因此，恒高模式只适用于扫描表面非常平整的样品。恒流模式中，由于反馈回路的存在，扫描探针可以根据样品形貌变化进行相应调整，因此它已成为 STM 成

纳米计量基础与应用

像的主流工作模式，并且能直接反映样品表面的形貌信息。

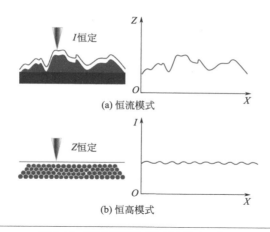

图 3-15 STM 恒流模式和恒高模式示意图

扫描隧道显微镜具有极高的实空间分辨力，能够实现样品的原子级分辨力观测。与同样能提供高分辨成像的透射电镜和扫描电镜相比，扫描隧道显微镜的工作环境十分广泛，既可以在真空中工作，也可以在大气环境下和液体中观测样品。因此，扫描隧道显微镜被广泛应用在物理学、化学、材料学和生物学等诸多学科。

STM 最常见的应用就是利用高分辨成像来研究样品表面的结构。由于表面重构的存在，很多晶体表面原子的排布都会与块体中的原子排布略有区别。利用低能电子衍射等手段虽然能够得到一定的结构信息，但却无法给出精确的重构模型。扫描隧道显微镜的发明使得研究人员可以直接得到重构表面的原子级分辨力图像，进而得到精确的表面重构信息。在 STM 发明之前，Si（111）面的重构模型曾经困扰研究人员很多年。而在 STM 发明之后，Gerd Bining 和 Heinrich Rohrer 首次给出了 Si（111）面的 7×7 重构的实空间原子级分辨力图像，如图 3-16 所示，根据此图像，研究人员提出了新的重构结构模型。

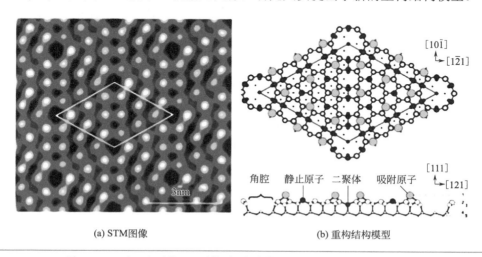

(a) STM图像   (b) 重构结构模型

图 3-16 Si（111）面的 7×7 重构原子级分辨力的 STM 图像和重构结构模型

［Gerd Bining 和 Heinrich Rohrer 测量的第一张 Si（111）面的 7×7 重构的实空间原子级分辨力图像］

扫描隧道显微镜不仅仅是一个"超级放大镜"，可以让研究人员观测到样品原子结构，同时它也是一个"超级镊子"，可以让人们根据自己的意愿操纵单个原子，组建成相应的纳米结构。在利用扫描隧道显微镜观察样品表面时，一般需要保证样品和针尖之间的作用尽量微弱，从而避免改变样品的形貌结构，但是如果利用针尖对样品表面的原子施加一个可控的较强的作用力，就可以利用扫描隧道显微镜来移动原子，构建所需的纳米结构。利用扫描隧道显微镜进行原子操纵的过程可以分为三个步骤：

① 确认目标原子位置，并将探针直接放置在目标原子上方。通过加大隧穿电流的方法，逐渐加大针尖与样品间的相互作用，直至两者之间的作用大到足以在样品表面挪动原子。

② 利用针尖与样品间的强吸引作用，挪动原子到所需的摆放位置。

③ 逐渐减小隧穿电流使得针尖逐渐远离吸附的原子，完成操纵过程。重复这个操纵过程，研究人员就可以建造期望的纳米结构。

如图 3-17 所示，Eigler 等研究人员利用原子操纵的方法将吸附在 Cu（111）表面上 48 个 Fe 原子逐个移动并排列成一圆形量子栅栏结构。这个圆形量子栅栏的直径只有 14.26nm，而且由于金属表面的自由电子被局限在栅栏内，可以在扫描隧道显微镜的图片中观测到表面态电子由于量子干涉所形成的圆环状的驻波。这是人类首次直接用原子组成具有特定功能的人工结构，为研究人员探索物质的基本性质，构建具有新功能的量子器件开辟了一个全新的途径。

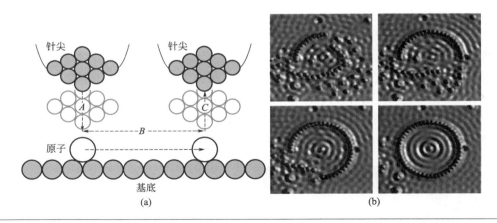

图 3-17　IBM 阿尔马登研究中心 Donald Mark Eigler 利用 STM 进行原子操纵建造量子围栏

3.2.2　原子力显微镜

原子力显微镜（AFM）作为一种应用广泛的扫描探针显微镜（SPM），工作原理与其他 SPM 基本相同。AFM 有两个关键部件，分别为探针和扫描器。通过接近样品表面达到一定距离的探针，在样品表面产生与探针 - 样品表面距离相关的信号，通过在 X 和 Y 两个方向移动扫描器，从而获得样品整个表面的信号，再根据信号与距离的公式，反解出样品表面的起伏程度，得到样品表面的形貌。

如图 3-18 所示，探针到样品表面距离之间存在一个足够灵敏的且能被检测的物理量

P，P 随探针到样品表面距离 Z 单调变化，从而可以传输至反馈系统（FS），用于样品表面形貌的检测。另外，为了使探针能够足够贴近样品，以便获取更加准确的信号，SPM 往往会设定一个参考阈值，如图 3-18 中的 P_0，对应的至样品表面的距离为 Z_0。只有当系统检测的信号为 P_0 时，才开始检测；此后得到的检测信号，与 P_0 进行比较，从而获得探针与样品表面距离的变化。

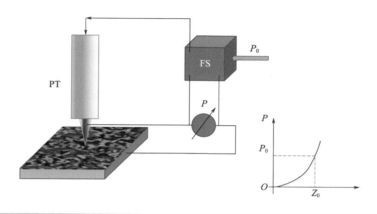

图 3-18　SPM 工作原理示意图

AFM 的探针为一个纳米级的针尖，装在一端固定的弹性悬臂上。当扫描器移动时，针尖由于样品表面的起伏，受到的作用力不一致，从而使悬臂产生细微形变或振幅改变。而 AFM 系统检测的物理量，就是这个变化。悬臂的形变或是振幅改变是十分微小的，为了检测这个变化，AFM 采用了光杠杆原理。令一束激光束照射在悬臂顶端，并接收由此得到的反射激光，从而放大了这个变化。再利用光电检测器将光信号转化为电信号，通过电压的变化来反映激光束的移动，从而得到悬臂的形变量或振幅改变量。当这个变化发生后，即系统检测到偏离阈值产生的误差，AFM 会通过控制器改变扫描器位置，消除误差，从而使对样品表面的检测继续下去，如图 3-19 所示。

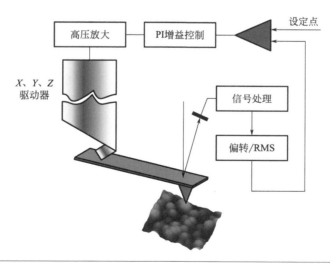

图 3-19　AFM 工作原理示意图

AFM 主要由下述系统构成：用于产生激光的激光系统，装载有针尖的悬臂系统，进行样品表面扫描并可三维移动的压电驱动器，接受激光反馈信息的探测系统，以及处理反馈信息并输送信号给激振器的反馈线路等。此外，一般 AFM 还配备有为了减少测量误差和稳定测量条件的防震系统、防噪声系统和温度湿度控制系统，以及数据处理系统等，其中主要的是激光系统，悬臂系统，压电驱动器，探测、反馈系统。

AFM 采用激光作为反馈的信号源，起放大悬臂产生的微小误差的作用。因为悬臂在测量过程中产生的形变极小，这就要求所用的激光必须稳定性高、发散程度低；此外，基于尽可能延长使用寿命的考虑，所用的激光还需要具有可持续运行时间久、工作寿命长的特点。

AFM 的针尖与样品表面之间作用力的变化，是通过弹性悬臂的形变量体现的。可见 AFM 分辨力的好坏，与悬臂系统的优劣息息相关。在 AFM 中，悬臂系统应具备如下的特点：悬臂必须有足够高的力反应能力，能够检测到几个纳牛（10^{-9}N）甚至更小的力的变化；用作悬臂的材料必须容易弯曲，发生的形变均为弹性形变，同时也需要具有合适的弹性系数；悬臂的共振频率应该足够高，从而悬臂得以足够快地对针尖与样品表面之间作用力的变化做出反应，实现悬臂形变随表面高低起伏而变化的设计。

在 AFM 中，压电驱动器起到的作用是使探针能够扫描到整个样品表面并记录探针高度的变化。它需要做到：使样品台在 XOY 平面内精确移动；灵敏地感知样品表面与探针之间的作用力的变化；将反馈系统输送来的电信号转化成机械位移，并准确而灵敏地改变样品台与针尖之间的距离，同时记录因扫描位置的改变而引起的 Z 方向的改变量。如此重复，实现对样品表面的扫描。

目前，用于探测悬臂微形变的主要方法是光束偏转法，即令一束激光照射在悬臂顶端，用位置灵敏光检测器接收由此得到反射激光，并将光信号转化为电信号。当探针与样品表面之间的作用力改变时，悬臂发生形变，因此反射激光光路发生偏离，反映在位置灵敏光检测器上则为光斑位置的改变。这一改变产生的电信号传输到反馈线路，经系统分析后，再将调整位置或高度的电信号传输到压电驱动器，驱动样品台运动，从而使针尖与样品表面之间的作用力恢复到原有大小。

AFM 的运行模式取决于检测过程中实时测量并用于反馈的物理量。根据待测物理量的不同，AFM 常用的运行模式有接触模式、轻敲模式和非接触模式。在接触模式下，扫描样品时针尖与样品表面始终保持"接触"状态。由图 3-20 可知，分子间作用力随分子间距离变小，表现为先引力后斥力的模式，且随着分子间距离的缩短，引力先逐渐增大至极值，后分子间斥力开始占主导，抵消分子间引力后逐渐增长至无穷大。如图 3-20 所示，接触模式下，针尖与样品表面的距离小于零点几纳米，落在曲线的 1～2 段，此时分子间作用力主要表现为分子间斥力。随着扫描的进行，由于样品表面的起伏，分子间斥力变化，导致悬臂弯曲量发生改变，这一改变被检测器检测到后，利用反馈系统输送信号给压电驱动器，使之调整样品台高度，使扫描继续进行下去。该模式的优点为，由于针尖与样品表面直接"接触"，悬臂发生稳定的弯曲，往往能够得到稳定的高分辨力图像。缺点是也正由于针尖与样品表面直接"接触"，很可能对样品表面造成破坏；同时，横向的剪切力、样品表面的毛细力、针尖与样品表面的摩擦力和压缩，都会影响成像质量；另外，该

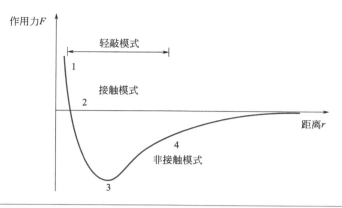

图 3-20 分子间相互作用力与分子间距的关系曲线

模式对测试用针尖的损伤也较大。

在非接触模式下，针尖与样品表面的距离为几纳米到几十纳米，落在图曲线的 3～4 段，两者相互作用主要表现为分子间范德华引力。此时悬臂保持其固有频率振动，当与样品表面距离发生改变时，悬臂振幅也发生改变，从而被探测系统检测到。由于不与样品表面接触，该模式对样品表面几乎没有损伤。缺点是由于针尖与样品表面距离较大，且测定的是悬臂固有共振振幅的变化，因此分辨力低，而且扫描速率较慢。此外，为避免被样品表面的水膜吸住，该模式不得用于液相，往往只能用于疏水表面的检测。

轻敲模式是介于接触模式和非接触模式之间的一种 AFM 的工作模式，它是通过使用在一定共振频率下振动的探针针尖对样品表面进行敲击来生成形貌图像的。在该模式下，针尖与样品表面距离落在图 3-20 的 1～4 段。在扫描过程中，悬臂以高于非接触模式的振幅振动，其振幅大于 20nm，这种振动模式下，探针针尖能够与样品表面进行间断性接触。可以通过调整针尖与样品表面的距离，使样品表面与针尖之间的作用力保持恒定。该模式的优点：由于其能做到与样品表面直接接触，其分辨力几乎能达到接触模式的精度，并且轻敲模式下针尖与样品表面的接触是间断性的，因此，不会对样品表面造成较大损伤；同时，该模式扫描时不受横向力的干扰，也可以不受在通常成像环境下样品表面可能附着的水膜的影响。总之，轻敲模式 AFM 适用于分析柔性大的、具有黏性的以及脆性大的样品，也可用于液相扫描。该模式的缺点：扫描速率比接触模式可能要慢一些。

传统的动态 AFM 系统将带有针尖的悬臂安装在压电陶瓷上，通过激励压电陶瓷带动针尖做周期性振动。通过光束偏转法检测微悬臂形变量，进而获取样品表面的形貌信息。但是，光学检测方法使得 AFM 的测头结构较为复杂，不易于集成。目前，使用石英音叉探针可使 AFM 测头通过自身输出电信号检测悬臂振幅变化，无须外部光学检测部件，易于集成。音叉探针的工作原理如图 3-21 所示，激励信号直接加在音叉的两极使音叉产生谐振，此时音叉的两边在同一个平面内运动并且相位相反，振动幅度的典型值为几十纳米。这种运动使与音叉相连的悬臂梁也随之一起运动。根据悬臂梁结构特点和受力情况，在悬臂梁的尖端会产生明显的垂直运动。与石英微天平相似，在这里音叉被用作力的传感器，它的频率和幅值会受到针尖运动的影响。

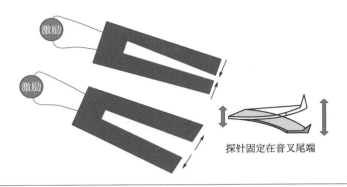

探针固定在音叉尾端

图 3-21　石英音叉探针振动示意图

3.2.3　磁力显微镜

磁力显微镜（MFM）也属于扫描探针显微镜。在原子力显微镜成像过程中，如果采用铁磁性探针，则可以对静磁相互作用进行成像。一般而言，探针和样品的磁性相互作用会比较强，而且不受样品表面污染的影响，因此，磁力显微镜是一种比较容易操作的技术，几乎不需要对样品进行任何处理。图 3-22 为 MFM 系统图，从图 3-22 中可以看出，MFM 在整个系统结构上与 AFM 极为相似。MFM 是从 AFM 演变而来，从两者之间的比较可知，MFM 最大的不同是其采用了磁性镀层的探针。一般来说，MFM 的探针是一个单畴结构，且该单畴的杂散场局域化程度越高越利于测量。另外，在测量过程中，该探针磁场尽量不改变样品本身的磁结构，但必须有一定强度从而能检测到信号。

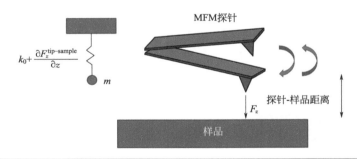

MFM探针

$k_0+\dfrac{\partial F_z^{\text{tip-sample}}}{\partial z}$

m

探针-样品距离

F_z

样品

图 3-22　MFM 系统图

一般来说，针尖镀膜有两种方式，一种是将整个针尖都镀上磁性膜，另一种是只将探针单侧镀膜。以具有三角形尖端的悬臂为例，如果整个针尖均匀镀上磁性材料，则其磁结构由探针形状决定，因此，易磁化轴始终基本与针尖轴向方向平行。尽管这样的尖端可以用偶极子近似处理，但是它将表现出非零面内和面外分量。在这种情况下，针尖不仅仅对面外分量敏感，同时能测出部分面内分量。使得实际测量出来的图像比较复杂，也较难分析。在实际测量中，悬臂通常与样品表面有一个 15° 左右的倾斜角度。对于单面镀膜的情况，三角形针尖的一个侧面几乎垂直于表面。因为只有面外分量是非零的，图像解释变得更容易。此外，这种镀膜方式使得针尖的杂散场更加局域化，有着更高的空间分辨力。

MFM 的测量模式与 AFM 大致相同。有所不同的是，AFM 只需要测量样品表面形貌图，而 MFM 不仅要测量形貌图，还需要测量磁分布图像。更重要的是，需要将磁分布图像与形貌图像对比，来排除形貌的影响。

一般而言测量模式有两种，一种为恒高模式，这种测量方法可以参考 STM 或 AFM 测量中的恒高模式。具体操作细节如下，先测量样品表面形貌图，测形貌图的过程中，MFM 也就相当于一台 AFM。但是为了保护 MFM 针尖磁性镀层，一般采用轻敲测量模式。随后，我们将针尖抬高一个固定高度，这个高度要根据样品形貌情况以及样品磁性强弱而定。如果样品本身形貌起伏较大，则抬起高度也要增大。然而高度越大，MFM 感受到的磁信号作用就越微弱，所得图像也越模糊。所以在这种情况下，对样品表面要求较高，一般希望样品高度起伏不要超过 10nm。由于在这种模式下，MFM 测量过程中实际上关闭了反馈系统，所以测量速率可以较快。另一种测量模式为 Lift Mode。在这种模式下，首先需测量样品表面形貌图，再将这个形貌起伏数据带入 MFM 测量过程中，即在第二次测量中，探针以一定的高度沿着测量的形貌图行走。这种测量模式，在理论上说可以排除形貌的干扰，然而在实际测量中，也有一定问题存在。首先，由于 MFM 探针要沿着形貌图行走，导致测量速率缓慢；其次，在实际测量中，由于温漂和样品探针之间高度的变化等因素，测量前设定的路径和抬起高度可能会发生较大的变化。

磁力显微镜已经在磁学研究领域和磁性器件方面获得了广泛应用。在工业上主要应用于磁存储材料的研究，在基础研究领域则逐渐应用于薄膜中的磁畴、超导材料中涡旋的观测，例如基于磁力显微镜发展起来的磁电力显微镜，可直接观察由磁电相互作用引起的磁畴的形成和变化。而在极端条件下，磁力显微镜的研发也是一个亟待发展的领域。

3.2.4 静电力显微镜

静电力显微镜（EFM）也是基于 AFM 研发出来的，允许研究人员同时获得样品的地形图像和潜在图像。EFM 可以用来检测探针尖端和表面之间产生的静电力，从而用高空间分辨力映射样品的工作功能或表面电位。EFM 在最初的使用过程中被认为是表征金属 / 半导体表面的纳米级电性能以及半导体器件的特殊方法。而随着有机材料的发展，EFM 还被用于研究有机器件的电性能。目前，一些最新研究表明，EFM 可用于检测具有纳米分辨力表面上的潜在分布，用于监测纳米结构的电性能。

EFM 简化示意图如图 3-23 所示。它由四个部分组成：激光束、具有尖锐尖端的悬臂、光电二极管和反馈回路。聚焦在悬臂的背面的激光反射并落在四个分段二极管上。在测量之前需要调整激光束，使其精确地位于二极管的中心，从而让所有区段接收相同的光强度。由于探针横穿表面，由个体掺杂剂产生的吸引力和排斥力可以影响探针，并且探头上的力可以弯曲悬臂。在这种方法下，悬臂弯曲对应于掺杂剂的不均匀性导致了反射激光束在光电二极管上的垂直移动。测量悬臂弯曲程度，即可检测装置的表面电位或静电力。由于不同材料功函数的差异，EFM 可以将静电力信息直接转化为掺杂剂分布，从而轻松地区分不同的掺杂剂，获得器件的掺杂分布。

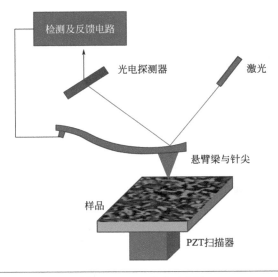

图 3-23　EFM 简化示意图

　　EFM 在振幅调制模式下运行，这是一种动态力模式，其中具有薄导电涂层的悬臂以其共振频率驱动。由于振荡的悬臂对长程静电力梯度敏感，因此，EFM 揭示了有关表面电势和电荷分布的定性信息。静电相互作用取决于探针尖端与样品之间的距离，并且悬臂的共振频率的变化监测了探针尖端与样品之间的静电场的变化。随着针尖和样品之间的电势差增加，共振频率下降，导致相位信号减弱。因此，EFM 通道中的较低相位表示针尖和样品之间的电势差较大。

　　EFM 可以单通道或双通道方式操作，类似于开尔文探针力显微镜（KPFM）等其他电学表征方法。在单通道方法中，针尖以恒定高度越过样品，同时以共振方式振荡，并在针尖和样品之间施加直流偏置电压。因此，EFM 相位和振幅信号与地形一起被收集。EFM 的单道方式对于非常平坦的样品可能很有用。对于粗糙的样品或具有大量形貌的样品，应谨慎使用单通道法，因为针尖可能会撞入表面。对于这些类型的表面，双通道法是更好的选择。在 EFM 双通道方式中，悬臂在图像的每一行上通过两次。在第一程中，针尖在调幅模式下绘制地形图时与样品接触。之后，按照设定量将针尖抬起进行第二次扫描（该抬高参数在每幅图都进行优化，通常为几纳米或几十纳米），并遵循地形轮廓，但针尖和样品之间一定要有间隙。在第二程中，压电陶瓷继续以其共振频率振动悬臂梁。此外，在该提升了的行程中，在针尖和样品之间施加直流偏压，使得静电力改变共振频率、振幅和相位，得到的 EFM 振幅和相位信号与地形同时映射，提供了表面结构与其电性能之间的有用关联。这种 EFM 的采用提供了最佳的空间分辨力，从而使 EFM 图像与地表地形具有极好的相关性。然而，慢扫描速率加上双通道测量会导致在双通道模式下，一个图像扫描需要很长时间。

　　EFM 可用于测量样品局部电特性，如表面电势、表面电荷以及铁电材料掺杂结构，且已经应用于微电子元器件、超大规模集成电路、微电子机械系统以及纳米材料的微观电特性的研究。例如，利用高灵敏度的静电力显微镜测量了 Si_3N_4 的表面离子的移动及其空间分布。表面流动电荷的运动是影响半导体元件和 IC 系统性能不稳定的主要原因，因此使用 EFM 对这种电荷成像，尤其在其他方法观察不能确定时，为元件的设计提供了非常有益的信息，而且 EFM 使用的纳米级探针可获得更高的分辨力。

3.2.5 横向力显微镜

横向力显微镜（LFM）是在原子力显微镜表面形貌成像基础上发展的新技术之一。材料表面中的不同组分很难在形貌图像中区分开来，而且污染物也有可能覆盖样品的真实表面。LFM 恰好可以研究那些形貌上相对较难区分而又具有相对不同摩擦特性的多组分材料表面。

图 3-24 为 LFM 扫描及检测示意图。一般接触模式原子力显微镜中，探针在样品表面以 X、Y 光栅模式扫描或在探针下扫描。聚焦在微悬臂上的激光反射到光电检测器，由表面形貌引起的微悬臂形变量大小是通过计算激光束在检测器四个象限中的强度差值 $[(A+B) - (C+D)]$ 得到的。反馈回路通过调整微悬臂高度来保持样品上作用力恒定，也就是微悬臂形变量恒定，从而得到样品表面上的三维形貌图像。而在横向摩擦力技术中，探针在垂直于其长度方向扫描。检测器根据激光束在四个象限中 $[(A+C) - (B+D)]$ 这个强度差值来检测微悬臂的扭转弯曲程度。而微悬臂的扭转弯曲程度随表面摩擦特性变化而增减。激光检测器的四个象限可以实时分别测量并记录形貌和横向力数据。

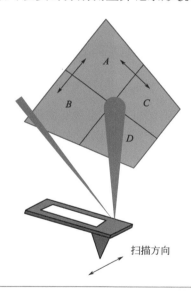

扫描方向

图 3-24 LFM 扫描及检测示意图

LFM 是检测表面不同组成变化的 SFM 技术。它可以识别聚合混合物、复合物和其他混合物的不同组分间转变，鉴别表面有机或其他污染物以及研究表面修饰层和其他表面层覆盖程度。它在半导体、高聚物沉积膜、数据储存器以及对表面污染、化学组成的应用观察研究也是非常重要的。LFM 能对材料表面的不同组分进行区分和确定，是因为不同表面性质的材料或组分在 LFM 图像中会给出不同的反差。例如，对碳氢羧酸和部分氟代羧酸的混合 Langmuir-Blodgett(LB) 膜体系，LFM 能有效区分 C-H 和 C-F 相。这些相分离膜上，C-H 相、C-F 相及硅基底间的相对摩擦性能比是 1 ∶ 4 ∶ 10，说明碳氢羧酸能有效提供低摩擦性，部分氟代羧酸是很好的抗阻剂。

不仅如此，LFM 也已经成为研究纳米尺度摩擦学——润滑剂和光滑表面摩擦及研磨性质的重要工具。为研究原子尺度上的摩擦机理，研究人员对新鲜解离的石墨（HOPG）进行了表征。如图 3-25 所示，HOPG 原子尺度摩擦力显示出高定向裂解处与对应形貌图像具有相同周期性，然而摩擦和形貌图像中的峰值位置彼此之间发生了相对移动。利用原子间势能的傅里叶公式对针尖和石墨表面原子间平衡力的计算结果表明，垂直和横向方向的原子间力最大值并不在同一位置，这就是观察到的横向力和对应形貌图像中峰谷移动的原因。同时，所观察到的摩擦力变化是由样品与 LFM 针尖间内在横向力变化引起的，而不一定是原子尺度黏附 - 滑移过程造成的。对 HOPG 在微米尺度上进行研究也观察到摩擦力变化，它们是由解离过程中结构发生变化引起的。解离的石墨表面虽然原子级平坦，但也存在线形区域，该区域摩擦系数要高近一个数量级。TEM 结果显示这些线形区域包括有不同取向和无定形碳的石墨面。

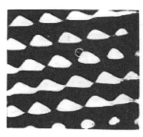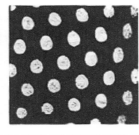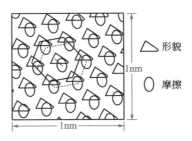

形貌

摩擦

1nm

1nm

图 3-25　石墨表面的 LFM 成像

另一关于原子尺度表面摩擦力特征研究的重要实例是云母表面。利用 LFM 系统研究了氮化硅针尖与云母表面间的摩擦行为，考察了摩擦力与应力、针尖几何形状、云母表面晶格取向和湿度等因素之间的对应关系。云母表面微观摩擦系数与扫描方向、扫描速率、样品面积、针尖半径、针尖具体结构以及高于 70% 的湿度变化无关。然而，针尖大小和结构以及湿度又会影响云母样品表面摩擦力的大小。此外，应力较低时，摩擦力与应力之间有非线性关系，这是由于弹性形变引起了接触面积变化。LFM 对边界润滑效应的研究已有报道。LB 膜技术沉积的花生酸镉单层与硅基底相比，摩擦力显著下降了 1/10，而且很容易观察到膜上的缺陷。具有双层膜高度的小岛被整片移走。如果设定岛的大小为针尖与之真实接触面积 A，已知移动岛的横向力 F_L，则能够确定出膜的剪切强度 $\tau = F_L/A$。

3.2.6　触针式台阶仪

触针式台阶仪属于接触式表面形貌测量仪器，主要用于测量纳米集成装置结构的表面形态。触针式台阶仪主要由位移传感器、信号处理电路、A/D 转换器和计算机处理软件（表面轮廓与参数分析）等组成，如图 3-26 所示。触针式台阶仪的测量原理是：当半径为几微米的金刚石触针沿被测表面轻轻滑过时，由于表面有微小的峰谷使触针在滑行的同时，还沿峰谷做上下运动。触针的运动情况就反映了表面轮廓的情况，其垂直位移被转换成位移传感器输出的相应电信号。传感器输出的电信号经测量电桥后，输出与触针偏离平衡位置的位移成正比的调幅信号。经放大与相敏整流后，可将位移信号从调幅信号中解调出来，得到放大了的与触针位移成正比的缓慢变化信号。再经噪声滤波器和波度滤波器滤去调制频率与外界干扰信号以及波度等因素对粗糙度测量的影响。最后通过 A/D 转换，将信号发送到计算机以获得表面轮廓和参数。

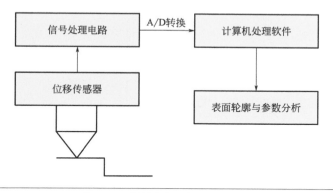

图 3-26　触针式台阶仪测量示意图

　　根据使用的传感器不同，触针式台阶仪可分为电感式、压电式和光电式。电感式采用电感位移传感器作为敏感元件，测量精度高、信噪比高，但电路处理复杂；压电式的位移敏感元件为压电晶体，其灵敏度高、结构简单，但低频响应特性较差，且容易漏电造成测量误差；光电式利用光电元件接收透过狭缝的光通量变化来检测位移量的变化。目前，国内外台阶尺寸检测主要采用光学法，光学法包括激光法和成像法。激光法采用激光反射或干涉实现尺寸测量；成像法采用高像素的 CCD 实时成像系统，并配合高水平的实时变焦及聚焦光学系统。

　　触针式台阶仪测量精度较高、量程大、测量结果稳定可靠、重复性好，此外，它还可以作为其他形貌测量技术的比对。但是也有其难以克服的缺点：测头与测件相接触造成的测头变形和磨损，使仪器在使用一段时间后测量精度下降；测头为了保证耐磨性和刚性而不能做得非常细小尖锐，如果测头头部曲率半径大于被测表面上微观凹坑的半径必然造成该处测量数据的偏差；为使测头不至于很快磨损，测头的硬度一般都很高，因此不适于精密零件及软质表面的测量。

3.3 ▶ 电子束显微技术

3.3.1　透射电子显微镜

　　透射电子显微镜（简称透射电镜，TEM）中的光源是电子束，利用电磁透镜对电子所穿过的样品进行聚焦成像，从而获得样品的结构信息。从功能来说，它与光学显微镜都是将细小物体放大至人眼所能分辨的程度，因此都遵循阿贝成像原理。

透射电子显微镜（图 3-27）可以分为三个主要的部分，分别是电子光学系统、真空系统、电源与控制系统。其中电子光学系统是透射电子显微镜的核心部分，因此在这里主要对电子光学系统进行介绍。电子光学系统从上到下依次可以细分为照明系统、成像系统和观察记录系统三个部分。

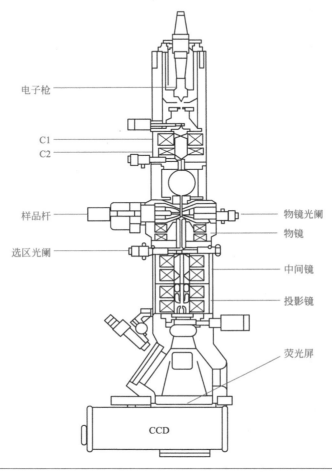

电子枪
C1
C2
样品杆
选区光阑
物镜光阑
物镜
中间镜
投影镜
荧光屏
CCD

图 3-27　透射电子显微镜结构示意图

照明系统由电子枪、聚光镜两部分组成，为成像系统提供一个亮度高、尺寸小的电子束斑。电子枪是产生电子的装置，有热发射型和场发射型两种，位于电镜的最上部。聚光镜的作用是将电子枪发射出的电子会聚并照射在样品平面上，并控制相应的照明孔径角、照明亮度和电子束斑的尺寸。目前的透射电镜一般都采用二级聚光镜系统，第一级聚光镜（C1）是一个短焦的强透镜，第二级聚光镜（C2）是一个长焦的弱透镜。

成像系统包含了物镜、中间镜和投影镜，其中以物镜最为重要，决定着电镜的分辨力。物镜即成像透镜，是电镜最主要、也是最关键的部件，它的性能直接影响到电镜的性能。物镜的作用是形成样品的一次放大像和衍射谱：当电子束经过晶体样品后，物镜将平行的各级衍射束分别汇集在物镜后焦面上得到衍射谱，物镜后焦面处的每一个衍射极大值又可以看作是次级的相干波源，它们发出的次级波在像平面上相干成像，就能得到物体的一次放大像，再通过中间镜和投影镜的两次放大透射到荧光屏上。在这个过程中，如果将中间镜的物平面移至物镜的后焦面，就能得到放大的衍射图案，如果将中间镜的物平面移至物镜的像平面，就能得到物体放大后的显微图像。

观察记录系统由荧光屏和照相室组成。图像和衍射花样的观察通过荧光屏进行，并且这些信息可以通过照相底片曝光，以及电荷耦合器件来进行记录。如果改造现成透射电镜的某些部件，如图 3-28 所示，将 probe 激光引入电子枪辐照灯丝，灯丝通过光电效应产生脉冲光电子。将另外一束与 probe 同源或者相互之间有电子学关联的激光作为 pump 光引入样品室，照射样品引起样品对光的超快响应。调节 pump 光和 probe 光之间的光程差，使得脉冲光电子和 pump 光之间形成不同的时间延迟。pump 光首先到达样品，经过延迟之后，超快脉冲光电子到达样品，之后使用常规的透射电镜的信号检测系统对衍射、成像或电子能谱信号进行记录，可得到样品在超快脉冲光电子经过时所处的状态。通过连续改变时间延迟，还可完整地揭示材料对光的动态响应过程。

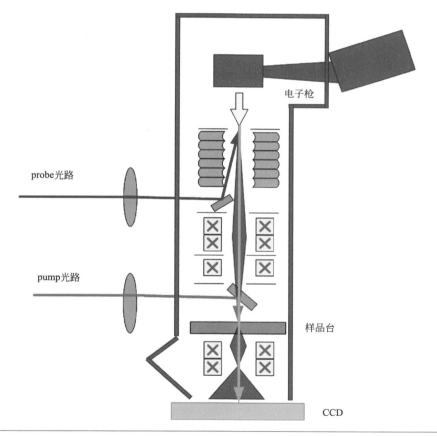

图 3-28 超快电镜工作原理图

根据实验的不同需求，具体的实验方法可分为两种：频闪模式和单发模式。如图 3-29所示，频闪模式下每个脉冲中包含 $1 \sim 10^3$ 个电子，而单发模式下每个脉冲包含 $10^6 \sim 10^8$个电子。

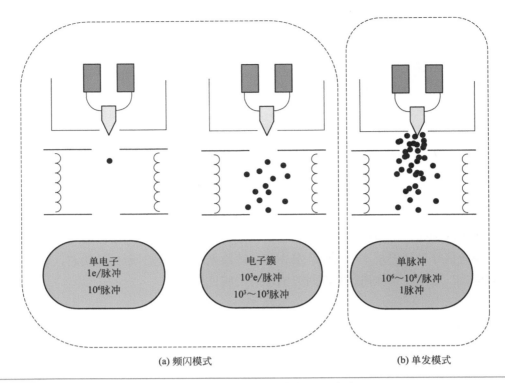

图 3-29　频闪模式与单发模式原理示意图

　　两种实验模式之间最显著的差别在于获取单个图像所需的电子脉冲数。频闪模式需要多个电子脉冲相叠加，以满足单个图像所需的电子剂量。在极限条件下，频闪模式中每个脉冲仅包含一个电子，可消除由电子间库仑斥力引起的空间电荷效应，避免了脉冲展宽。单电子频闪成像最早由 Zewail 等提出并实现，利用该技术可得到最佳的时间分辨力。通常，频闪模式可用于观测在一定时间尺度内可逆的现象，且该时间尺度应小于或等于脉冲间的时间间隔。脉冲时间间隔可通过激光重频加以调节。

　　单发模式下脉冲包含的电子数量很多，单脉冲的电子剂量即可满足成像要求。因此可用于不可逆动力学过程的研究。由于电流密度很高，必须在一定程度上牺牲空间和时间相干性以保证显微镜的成像。在化学和生物学研究领域，许多过程是不可逆的，超快电镜的单发模式可以实现对不可逆过程的追踪，通过改变实验的时间区间即可捕获整个动态过程。单发模式最先由美国的劳伦斯利弗莫尔国家实验室实现，他们将九个激光脉冲先后偏转至相机的不同区域，脉冲间偏转的时间间隔是可调的，形成一种录像模式，在该模式下实现对不可逆过程的记录。

　　超快电镜发展到现在已经可以在实空间、倒空间和能量空间下成像采集时间分辨的数据。目前，超快电镜已经发展出了包括明场成像、暗场成像、高分辨力透射电镜（HRTEM）、扫描透射电镜（STEM）、洛伦兹透射电镜（LTEM）、平行电子束选区衍射（SAED）、会聚束电子衍射（CBED）、电子能量损失谱（EELS）、能量过滤透射电镜（EFTEM）、光诱导近场电镜（PIENM）等多项技术性的应用，这些技术的发展将为解决物理学、材料学、化学以及生物学中的基本问题提供有力的实验手段。

扫描电子显微镜（简称扫描电镜，SEM）是介于透射电子显微镜和光学显微镜之间的一种仪器，主要有环境/低真空扫描电子显微镜（ESEM）和低电压扫描电子显微镜（LVSEM）两种。

SEM 的基本组成可分为镜体和电源电路系统两部分。电源电路系统由稳压、稳流及相应的安全保护电路所组成，其作用是提供 SEM 各部件所需的电压。镜体由电子光学系统、信号收集和显示系统以及真空系统组成。电子光学系统由电子枪、聚光镜、物镜、扫描线圈和样品室等组成，如图 3-30 所示，其作用是获得纳米或亚纳米级的电子束斑，并使其能在样品表面聚焦和扫描等。信号收集和显示系统的作用是采集样品在入射电子束作用下产生的各种成像信号，并在电脑屏幕上成像。真空系统由机械泵、油泵、涡轮分子泵组成，可使电子光学系统的真空度达到 $10^{-5} \sim 10^{-4}$Torr（1Torr=133.3Pa），保证电子光学系统正常工作。

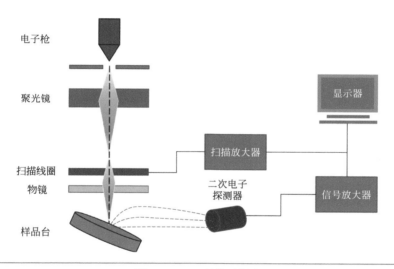

图 3-30　SEM 结构示意图

常用扫描电子显微镜的工作原理如图 3-31 所示，电子从热阴极电子枪中发射出来，进入电场中，在电场力作用下不断加速，同时经过 3 个电磁透镜的协调作用，电子运动到样品表面附近时已经变为非常细的、高速的电子束（最小直径只有几纳米）。该电子束经过样品上方扫描线圈的作用，对样品表面进行扫描。高能、高速的电子束轰击样品表面，与其发生相互作用，激发出蕴含各种不同信息的物理信号，其强度随样品表面形貌、特征和电子束强度的变化而变化。收集样品表面各种各样的特征信号，根据不同要求，对其中的某些物理信号进行检测、放大等处理，改变加在阴极射线管（cathode ray tube, CRT）两端的电子束强度，使在 CRT 荧光屏上显示能够反映样品表面某些特征的扫描图像。

环境扫描电子显微镜（ESEM）中气体放大原理如图 3-32 所示，由电子枪发射的高能入射电子束①穿过压差光阑进入样品室，射向被测定的样品⑤，从样品表面激发出信号

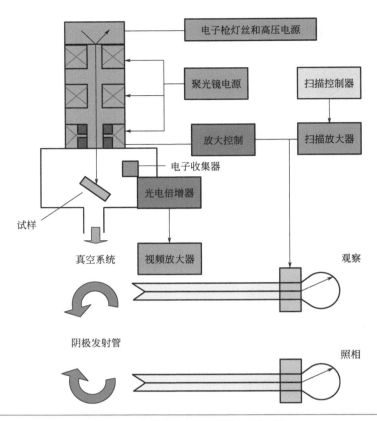

图 3-31　常用扫描电子显微镜的工作原理

电子——二次电子（样品表面发射出的电子）④和被散射电子（电子枪发射的电子束撞击至样品被弹性碰撞回来的电子）③。由于样品室内有气体存在，入射电子和信号电子与气体分子碰撞，使之电离产生电子和离子。如果在样品和电极板②之间加一个稳定电场，电离所产生的电子和离子会被分别引往与各自极性相反的电极方向，其中电子在途中被电场加速到足够高的能量时，会电离更多的气体分子，从而产生更多的电子，如此反复倍增。ESEM 探测器正是利用此原理来增强信号的，这又称气体放大原理。

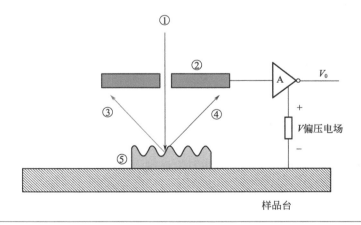

图 3-32　环境扫描电镜中气体放大原理示意图

低真空扫描电镜（ESEM）技术是通过在样品室内通入少量的气体实现的。少量的空气进入扫描电镜样品室，在电子和气体分子之间通过碰撞产生正离子，当这些正离子电流达到样品完全抵消全部负电荷时，也就是出现了所谓的电荷平衡。绝缘体样品表面的入射电子带有负电荷，样品室产生的阳离子因而被入射电子吸收，因此需要防止样品出现荷电现象。图 3-33 是某仪器公司扫描电镜在低真空状态下使用的低真空专用二次电子检测器以及样品室接受电子的工作原理示意图。进入低真空状态时，电子透镜的镜筒部分和低真空二次电子检测器内部都保持在高真空状态，只有样品室处在低真空状态。高、低真空部分由处于检测器最前侧的微栅隔开，探头内部由位于最后侧的小型分子泵单独抽到高真空状态。使用低真空二次电子检测器（LVSTP），可直接获取二次电子信号，得到真实高分辨二次电子图像。如果停止向样品室导入气体，那么样品室的真空度便增高，可用作普通的高真空 SEM 使用。

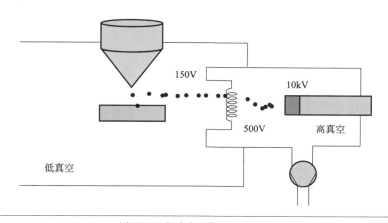

图 3-33　低真空工作原理示意图

扫描电子显微镜主要应用于断口分析、相的析出和分布特征分析、元素分布行为分析、结构分析等。鉴于扫描电子显微镜的特点和不同学科、技术的发展，显微形貌、显微成分、显微结构等方面的综合研究分析已经成为现代扫描电子显微分析的趋势。

3.4 ▶ 纳米位移测量技术

3.4.1　激光干涉系统

激光干涉系统由激光器、干涉光路、光电转换电路、A/D 转换、上位 PC 机组成。图 3-34 为激光干涉系统组成框图。

图 3-34　激光干涉系统组成框图

激光干涉仪以激光光波的波长作为基准，其原理是将激光分为两路，由于两支光路经过的光程不同，发生干涉时，可通过干涉条纹的明暗变化反映出相对的位置信息。但为获得更高分辨力的位移信息时，需要进行细分处理，目前细分方式主要分为两种，一种为光学细分，一种为电子细分。由于电子细分受限于仪器噪声及硬件系统的限制，电子细分能力无法一直提升，因此，针对干涉光路提出光学细分。

图 3-35 所示为商用仪器光路，采用基础的迈克尔逊干涉光路，在激光器发出激光后，测量光束在线性反射镜内折返一次回到线性干涉仪中，由光电探测器接收，在光学分辨力上实现 $\lambda/2$。图 3-36 所示为合肥工业大学研制的激光干涉仪采用的光路，在激光器发出激光后，测量光束在测量镜反射后回到偏振分光棱镜（简称分光镜），经由角棱镜反射后，再次射向测量镜，经由测量镜反射，光电探测器接收，在光学分辨力上实现 $\lambda/4$。图 3-37 所示为中国计量科学研究院研制的激光干涉仪采用的光路，在激光器发出激光后，测量光束在测量镜反射后回到偏振分光棱镜，经由角棱镜反射后，再次射向测量镜，共计射向测量镜 4 次后，由光电探测器接收，在光学分辨力上实现 $\lambda/8$。

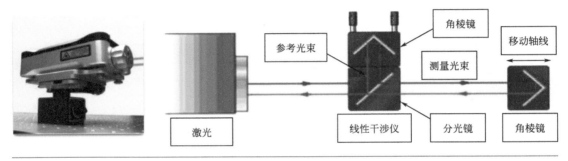

图 3-35 $\lambda/2$ 光学分辨力干涉光路图

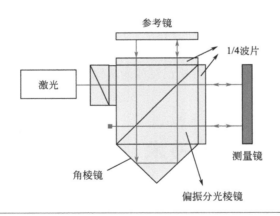

图 3-36 $\lambda/4$ 光学分辨力干涉光路图

上述三种干涉光路，分别实现了光学上的 $\lambda/2$、$\lambda/4$、$\lambda/8$ 细分，配合后续 PC 端进行电子细分，实现亚米级分辨力，光学分辨力提高是由于测量光与参考光多次经测量镜与参考镜反射，一方面由于多次反射导致测量光传播距离增加，造成光强在传输过程中损耗；另一方面由于干涉镜组的透射率与折射率达不到 100% 造成光强损耗。因此参考光和测量光光强会随着分辨力的提高而降低。

纳米计量基础与应用

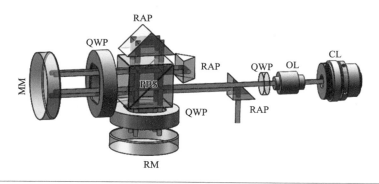

图 3-37　λ/8 光学分辨力干涉光路图

MM—测量镜；QWP—1/4 波片；RAP—直角棱镜；RM—参考镜；OL—光隔离器；CL—准直镜

　　激光干涉系统不仅具有高精度、高分辨力、高稳定性等特点，并且它的非接触测量方式还可以避免给被测件带来表面损伤，从而减小了附加误差和使用局限性。激光干涉系统以激光波长为基准进行位移测量，其量值可以直接溯源至米定义波长基准，被用于众多纳米位移测量设备（如电容传感器、共聚焦传感器）的检测校准中，以及众多设备的集成制造，为纳米定位提供至关重要的一环。

3.4.2　电容测微系统

　　电容测微系统由电容测微仪、单片机系统和上位 PC 机组成。图 3-38 为电容测微系统的组成框图。

图 3-38　电容测微系统的组成框图

　　在电容测微系统中，电容测微仪是实现测量的核心部分，如图 3-39 所示。国内外不同产品所采用的测微原理及测量电路不尽相同，目前以采用运算式测量原理的居多，其组成框图如图 3-40 所示。

　　运算式测量的电容测微仪是用电容传感器所感受到的位移信号对稳幅振荡器输出的高

图 3-39　电容测微仪

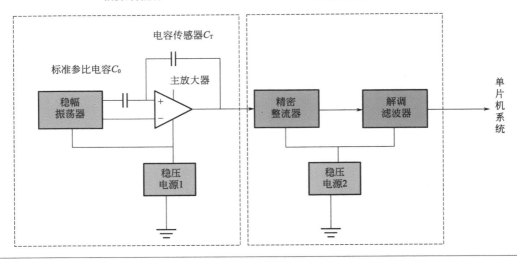

图 3-40   电容测微仪的组成框图

频载波进行幅值调制（调幅），通过反相比例运算使主放大器输出的调幅信号的幅值正比于传感器所感受到的位移。由于位移信号为单边（极性）信号，因此通过精密整流器和解调滤波器进行调幅信号的解调。解调后所得到的与传感器位移相对应的信号被进一步送到后续的单片机系统中。

电容测微仪的核心是电容传感器。电容传感器是一种可变电容器，它可将被测元件某些物理量（如位移、加速度、压力、介质介电常数等）的变化转换成传感器电容量的变化。根据工作原理的不同，电容传感器主要有变极距型、变面积型、变介质型三种，电容测微仪中所使用的电容传感器通常为变极距型。变极距型电容传感器是一种非接触式传感器，具有高灵敏度、高分辨力、稳定的动态性能等一系列优点，能以非接触方式实现微小位移的精密测量和动态测量。

3.4.3   电感测微仪

电感传感器是以电磁感应原理为理论基础，利用其内部线圈的自感或互感的变化来实现位移量测量的一种装置。电感测微仪是一种基于电感传感器的测量微小位移的装置，如图 3-41 所示。

电感测微仪的测头与被测量物体进行接触，在测量过程中会产生位移，测杆的位移会带动测头内部的磁芯进行移动，从而使线圈的自感系数或者互感系数发生变化，产生交流输出电压。在量程要求范围内，感应输出电压幅值与偏移量之间呈现正相关。电感量的变化信号在经过信号处理电路进行放大、整形后，可在仪器上显示模拟量，也可以通过 A/D 转换直接进行数字显示。

测微仪的分类很多，一类是使用自感原理，这种测微仪会通过自感量的变化来反映被测量的变化，再通过测量电路将自感量的变化转换成电量的变化。另一类是使用互感原

图 3-41 电感测微仪实物图

理，这类测微仪通常会被做成差动变压器进行工作，也就是使用一个固定的电压源来给一侧的线圈激磁，另外一侧的两个二次线圈与这一侧的线圈之间的互感一旦产生变化，会导致二次线圈产生电压，从而输出电信号，因为它具有差动变压器的形式，所以我们称之为差动变压器式测微仪。除了上述两种测微仪外，常见的测微仪还有电涡流式测微仪、压磁式测微仪等。

对于自感式传感器，在其他条件默认不变的情况下，将线圈匝数固定，电感的大小是由气隙厚度、气隙截面积和导磁体长度这三个变量共同决定的。每当这三个变量中有两个不变，只改变另一个变量时，就可以制作出一种自感式传感器，因此，自感式传感器有三种，按照改变的变量不同可以分为气隙型、截面型和螺管型，具体的结构如图 3-42 所示。

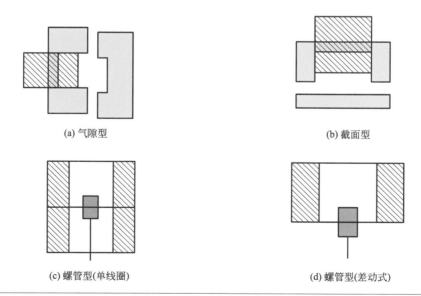

(a) 气隙型

(b) 截面型

(c) 螺管型(单线圈)

(d) 螺管型(差动式)

图 3-42 传感器结构图

气隙型、截面型和螺管型自感式传感器都有各自的优缺点，如表 3-1 所示。

表 3-1　三种传感器优缺点对比

传感器	示值范围	分辨力	非线性误差
气隙型	0 ～ 12.5mm	375nm	±0.2%
截面型	0 ～ 12.5mm	200nm	±0.02%
螺管型	0 ～ 300μm	100nm	±0.5%

螺管型自感式传感器的结构相对简单，有利于制造加工和装配，而且相比于另外两种传感器，螺管型传感器的空气隙较大，产生的磁阻较高，因此线性范围相对更大，行程更为自由。除此之外，螺管型传感器具有良好的可替换性，在测量仪器的装配和使用，特别是在使用多个测量仪器进行组合测量时，能够给使用者提供更多便利。

第4章
先进制造产业应用示范

先进制造业是国民经济的支柱产业之一，党的十九大报告中强调"加快建设制造强国，加快发展先进制造业"。《中国制造2025》立足于国际产业变革趋势，做出了全面提升中国制造业发展质量和水平的重大战略部署。我国从制造业大国向制造业强国的迈进需要计量的保障和技术支撑。加工精度已从微米发展到纳米量级，由于我国纳米计量量值传递体系尚不完善，纳米几何特征参量标准器仍存在不少空白，导致产业中大量的纳米测量设备校准溯源依赖国外仪器生产商和检测机构。

本章是关于苏州市计量测试院、广东省计量科学研究院、重庆市计量质量检测研究院、江苏苏净集团等单位依托国家重点研发计划"纳米几何特征参量计量标准器在先进制造产业应用示范"（课题编号2018YFF0212304），深入力特半导体、能迅半导体、力特新科技等先进制造产业相关企业，调研纳米几何特征参量领域相关计量需求，通过建立纳米计量领域社会公用计量标准，研制新型校准装置、新型测量装置，提供关键参数测量的计量解决方案，解决企业生产量值不统一难题、测试技术难题和数据应用难题，协助企业提升产品质量。同时，通过制定个性化测试方案及在线实时计量解决方案，协助企业提升研发效率及生产效率。目前苏州市计量测试院等计量技术机构已初步形成覆盖全产业链和产品全寿命周期的计量保障服务能力，为企业研发设计、生产制造、品质检验提供有力的技术支撑，填补产业计量测试手段的空白。

本章汇编总结了近20个服务先进制造产业的典型案例，为纳米几何特征参量计量标准器在先进制造产业的应用提供经验参考。

4.1 ▶ 平板显示领域

新型平板显示产业是国家战略性新兴产业之一，被列为《国家中长期科学和技术发展规划纲要（2006—2020年）》62项优先发展的领域之一。随着新型显示领域创新进展，液晶显示器（LCD）、有机发光二极管显示器（OLED）、微发光二极管显示器（MicroLED）等逐步崛起，涉及多层功能薄膜的生长以及多种微纳尺寸结构的刻蚀。金属膜厚沉积是显示器件微纳电路制造的基础工序；器件中的多层介质薄膜对最终产品清晰度、眩光值等有重要影响；平板中控制液晶光学特性的 ITO 膜厚度、薄膜晶体管（TFT）基板厚度等这些微纳几何尺寸的测量直接影响产品良率，需要多种纳米测量设备对研发、生产加工过程中的膜厚指标进行有效测量。

产品质量是企业生产和发展的关键，企业在产品生产过程中离不开定量分析。生产活动的全过程，从原材料到成品，都有各种参数的计量要求，计量是保障产品质量必不可少的关键环节。随着显示产业各种新技术的不断发展，企业对产业计量的需求不断增多，提出很多新问题和新挑战，需要不断补充完善产品全寿命周期关键参数溯源链、研发新型校准装置、完善测量装置的计量检测方法等，统一量值，提升质量，解决关键参数测量难题。

本节概述了基于纳米几何量计量标准器在平板显示领域协助企业统一量值、提升质量的典型案例，充分展示了在"以计量促质量提升"方面取得的成果。

4.1.1　建立平板显示微纳几何参数量值溯源体系

（1）产业需求

平板显示产业主要产品［如液晶显示器（LCD）、有机发光二极管显示器（OLED）、微发光二极管显示器（MicroLED）等］均为多层薄膜结构，要求薄膜面积大、均匀且缺陷密度要小，涉及薄膜厚度、薄膜形貌、线宽和对准精度等几何参数的精确控制与测量，对产品性能有决定性的影响。例如，几乎所有平板显示器件中都会用到导电膜（特别是透明导电膜），电阻率是评价导电膜性能的主要指标之一，通过控制沉积过程中薄膜厚度，减小作为电极的导电膜的电阻率，可以改善输入脉冲的延迟特性，提高开口率，改善图像质量。文献中学者研究了不同基板温度下 ITO 膜的电阻率与膜厚的关系，发现随着膜厚的增加电阻率有所下降，在 200nm 附近达到最低值。因此，在产品研发和生产过程中需要使用纳米级的测试装置对生产加工过程中膜厚指标进行测量和控制。另外，薄膜晶体管（TFT）基板厚度也是需要精确测量的关键几何参数之一，测量精度要求在 100nm 以下。因为薄膜晶体管在基板上印刷时要进行多次光刻，表面不平整会造成不能聚焦，带来显示电路缺陷，直接影响薄膜晶体管的结构稳定。因此，基板表面波纹度要求在 5nm 以下，其准确测量是保证产品良率的关键环节，开展纳米尺寸精确计量对平板显示器的质量控制具有重要的现实意义。

目前，膜厚、薄膜表面形貌、线宽等关键几何参量的溯源方法仍为空白，检测方法仍存在缺失。因此，亟须围绕平板显示器件在设计研发、生产制造、品质检验等过程中涉及的关键几何参量实施计量控制，使测量设备达到所要求的测量准确度，保证测量结果的量值统一，从而保证产品各项技术指标的可信度。

（2）应用示范内容

调研和分析平板显示器件的设计研发、生产制造、品质检验等过程中使用的微纳几何参数测量设备、测试方法、测试环境和测试人员情况，确定平板显示器件需要控制的关键几何量参数，从设备管理、测试方法、测试环境、测试人员等多方面出发，制定出相应的计量控制和保证方案。

技术路线具体如下：

① 采购微纳几何参数测试装置，完善测试能力。通过购置台阶仪、原子力显微镜（AFM）、三维光学轮廓仪、扫描电子显微镜（SEM）等设备，建立纳米计量实验室（图4-1），具备平板显示产业中多种纳米级和微米级尺寸精确测量的测试能力。

图 4-1 纳米计量实验室

② 建立材料厚度、线宽和对准精度等微纳米级微小几何量尺寸的量值溯源能力，建立相关计量标准和在线校准装置，保障各项参数的准确统一。

平板显示产业中微纳几何尺寸测试能力及溯源能力的缺失已经阻碍了国内平板显示材料领域的发展。如薄膜晶体管加工时使用的玻璃基板，其要求产品尺寸形状精度小于100nm、表面粗糙度小于5nm，目前，大多数国内材料厂商仍没有能力对其产品性能进行高精度的测量，微纳几何尺寸量值溯源链仍为空白，产品是否达到该精度要求不能保证，美国康宁等国外材料厂商在该领域处于垄断地位。考虑到中美贸易战等国际经济政治环境的影响，亟须补足国内在该领域的测试能力及量值溯源体系，为帮助国内企业打破垄断、促进产业发展奠定基础。

苏州计量测试院产业计量中心通过承担国家重点研发NQI专项"纳米几何特征参量计量标准器在先进制造产业应用示范"课题的研究任务，填补了平板显示产业微纳几何尺寸溯源链的空白，使原本依赖于国外溯源的微纳米量值溯源至我国纳米几何量计量基准。另外，利用自主研制的标准膜厚片，对椭圆偏振仪、白光干涉仪等现场设备进行校准，协助企业开展产品评价，对平板显示领域膜厚、表面形貌等关键参数建立了完善的量值溯源方法（图4-2），使原本依赖于国外溯源的量值统一溯源至中国国家计量基准，实现纳米级别几何特征参量测量设备的在线校准，保证关键尺寸精准可靠。

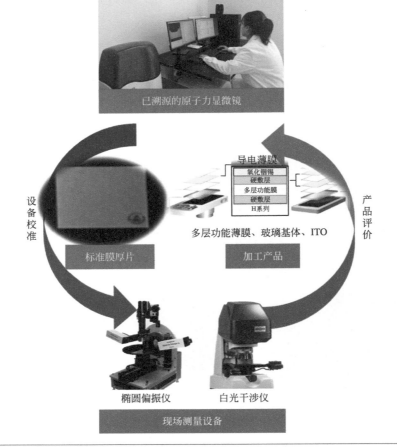

图 4-2　平板显示微纳几何尺寸溯源示意图

ITO—透明导电薄膜

③ 开展关键参数对标和比对，找出和解决测量过程中的问题。

微纳米沟槽的加工广泛应用于平板显示器件加工过程，其加工精度直接影响显示器性能。因此，课题组研制了微纳深度沟槽标准样板（图 4-3），开展了溯源技术研究，完善了国内台阶

图 4-3　自主研发微纳深度沟槽标准样板

高度量值溯源体系，保证了企业在设计研发及生产控制过程中微纳几何尺寸的测量准确性。通过参加中国计量科学研究院组织的"微纳米沟槽深度测量比对（光学显微镜法）"项目，开展参数对标和比对，发现目前测量中可能存在的问题并解决，不断改进测量方法，提高测试精度。

（3）社会经济效益

完善了平板显示微纳几何参数量值溯源能力，具备了较完善的平板显示微纳几何关键参数测试能力，已在能迅半导体、利特半导体等产业上游企业提供测试服务，解决了产业共性测量技术问题。

4.1.2　提供薄膜关键参数计量检测解决方案

（1）产业需求

光学薄膜在平板显示器中具有重要的作用，以常用的透明导电 ITO 薄膜为例，其面电阻与薄膜厚度具有非线性关系，并且在不同的工艺步骤中，ITO 面电阻的要求不一样，因此，必须精确控制不同工艺流程中的薄膜生长厚度才能保证最终产品的功能。

在平板显示器生产中，在线膜厚检测主要依赖椭圆偏振光谱仪（简称椭偏仪），椭偏仪不仅检测速率快，而且精度高，除能够实时检测薄膜生长的厚度外，还能够得到薄膜折射率以及消光系数等重要信息，进而监控薄膜可能存在的组分偏离，因此，椭偏仪已经成为面板生产线上的标配仪器。

椭偏仪在线使用过程中有很多外界因素比如振动、碰撞、光学窗口污染等都有可能对其精度造成影响，因此日常点检非常必要。目前椭偏仪的点检主要依赖 SiO_2 或者 Si_3N_4 厚度标准片，一般椭偏仪设备商都会配备一系列不同厚度的标准片，通过定期校准标准片来保证椭偏仪的精度。然而，由于国内在相关领域技术落后于国外，因此，标准片的定期校准主要还是由国外检测机构或者设备商完成，这一过程不仅周期长而且检测费用也非常高，国内面板生产商迫切希望能够在国内进行相关校准。

（2）应用示范内容

课题组深入生产一线积极与企业沟通，了解生产厂家的测试需求和质量管控要求，总结产业内的共性需求主要集中在：

① 高质量进行膜厚标准片校准，精度达到国外先进水平；

② 校准周期短，费用低。

针对以上具体需求，我们提供以下解决方案：

① 针对不同厚度的膜厚标准片提供不同的校准方法，结合高精度椭圆偏振光谱仪与反射率法可以满足客户需求；

② 为客户提供了具有竞争性的测试价格，承诺测试周期控制在一周内，对于特殊情况甚至可以做到当天完成校准。

（3）社会经济效益

通过技术攻关，被校准的标准片厚度可低至 1nm，对有吸收特性或无吸收特性的薄膜都能进行高精度标定。通过和国内几家显示面板生产商以及半导体厂商的合作，课题组系统性地验证了其校准能力，校准结果得到了客户的一致好评。

显示产业中有关质量控制的关键几何参数众多，目前对于光学薄膜测试设备厚度标准片的校准测试难题，课题组已能提供相应的技术解决方案。课题组将以此案例为契机，进一步研究和完善显示产业各种几何参数的测试技术，为产业的质量保障和提升提供技术支持。

4.1.3 解决测量设备的在线校准难题

（1）产业需求

苏州某高科技公司致力于在纳米光电技术基础上发展裸眼 3D 显示器件，其产品在各种智能移动终端（如可穿戴式产品、智能手机、平板电脑、汽车显示屏等）领域已有量产应用。

公司产品质量监控实验室配有原子力显微镜、台阶仪、三维光学轮廓仪、反射率测量仪等多种微纳米尺寸关键参数测量设备，精度高、原理复杂，普通校准机构并不具备对这些设备进行校准的能力，在投入使用后一直没有找到有能力的机构开展计量校准，给产品质量控制留下了隐患。为配合新形势下生产需要，企业急需对这些设备进行校准，以保证研发、生产顺利开展。

（2）应用示范内容

在了解企业的计量需求后，课题组先后两次组织工程师前往企业进行技术对接，向企业介绍已有检测技术能力和校准原理，了解仪器具体使用情况，对设备进行现场校准。

通过校准发现实验室正在使用的原子力显微镜（AFM）在测试过程中存在严重的图像变形问题（如图 4-4 所示），在测试二维正方形栅格时，Y 方向图像明显被拉长，已不能准确显示栅格标样形貌。该公司主要通过纳米压印技术生产系列特殊纳米结构的导电薄膜，利用三维纳米结构实现裸眼 3D 显示效果，这台原子力显微镜就主要用于三维纳米结构的测量，如果没有此次仪器校准发现图像变形问题而继续使用该设备进行测量，会对产品研发和质量监控产生重大不利影响。

针对存在的问题，课题组结合在微纳米几何量参数测量领域的经验，帮助客户从样品固定、探针选取、检查扫描管状态、检查控制器状态等方面逐一排查可能存在的问题，利用标准栅格对仪器显示进行了校准，直到可以测出准确的结果（图 4-5）。

图 4-4　AFM 测试时栅格明显被拉长

图 4-5　AFM 校准后测试图

（3）社会经济效益

基于纳米几何特征参量计量标准器对企业开展示范应用，有效地帮助企业发现测试仪器存在的问题，避免了因测试结果不准确可能带来的经济和人力损失，解决了企业在微纳米几何量关键参数测量方面存在的问题，有效提高了测试精度，提高了研发及产品生产效率，帮助企业节约了大量的研发和生产成本。与此同时，我们也在服务的过程中不断和企业技术人员交流，了解企业在微纳米几何关键参数测量方面的相关需求，为进一步完善关键参数测量能力、开展校准测试服务积累了宝贵经验。

4.1.4　助推企业对显示器质量进行评定

（1）产业需求

为满足消费者对高质量显示效果和视觉体验的不断追求，具有大尺寸、轻薄化、低功耗、高分辨力特点的薄膜晶体管液晶显示器（TFT-LCD）已被广泛地研究并开发。薄膜晶体管液晶显示器的产品设计、工艺水平以及品质检查能力直接影响其画面品质，然而液晶显示器在使用过程中往往出现显示区域的亮度或颜色不均匀等显示不均（Mura 缺陷）的画面不良问题。导致产生 Mura 缺陷的因素有多种，包括液晶材料不纯净、玻璃基板之间的距离不完全相等、彩色滤光片各个区域滤光效果不一致、偏振片损坏、背光源发出光线不均匀等。Mura 缺陷的产生大都与彩膜基板的红、绿、蓝三原色色阻或液晶面板的液晶盒盒厚有关。特别是在薄膜晶体管（TFT）阵列基板上放置柱状隔垫物的金属线膜厚的波动造成了液晶盒盒厚的变化，将直接造成显示器的条纹显示不均等问题。

在产品的研发过程中，对 Mura 缺陷的准确检测和等级判断十分关键，直接影响产品的质量等级和使用寿命。微纳米尺度形貌测量仪器是检测 Mura 缺陷的重要工具，其准确测量是分析和评价 Mura 缺陷原因的重要判断依据。在微纳米尺度测量仪器使用前或使用周期内，需保证仪器测量量值准确可靠，因此，对其量值定期进行校准溯源是必不可少的关键环节。课题组深入企业现场，对微纳米尺度测量仪器进行校准测试，保证微纳米尺度产品尺寸参数测量结果的可靠性、互换性及量传性，助推企业对薄膜晶体管液晶显示器的条状显示不均的准确分析和不良品改善。

（2）应用示范内容

课题组深入企业现场，了解企业在线检测薄膜晶体管液晶显示器 Mura 缺陷所使用的光学显微仪器、扫描电子显微仪器设备，详细询问了企业对仪器的使用频率和校准周期，为企业讲解了仪器校准溯源对于测量结果准确性的影响。

在校准过程中，发现企业使用扫描电子显微镜解决大尺寸薄膜晶体管液晶显示器出现 Mura 缺陷的原因，特别分析了靶材间存在间隙不同导致基板表面膜厚产生周期性变化。其中，液晶盒的盒厚处于 2.70 ～ 3.05μm 之间，柱状隔垫物的金属线的金属厚度处于 400 ～ 500nm 之间，而正常金属厚度与 Mura 区域差异为 10 ～ 60nm。因此，扫描电子显微镜的测量准确性直接影响对产品是否处于正常区域的判断。同时还发现企业使用光学显微镜对镀膜过程中的基板异物、Mura 缺陷及其形态特征进行检测时，特别关注样品高度量值的差异。

　　使用纳米线间隔、纳米栅格样板对扫描电子显微镜的最低放大倍率示值误差、最高放大倍率示值误差、常用放大倍率示值误差、正交性误差进行校准测试；使用微纳米线性标尺、纳米多尺度台阶高度样板对企业在用的光学显微镜的 X、Y、Z 轴系误差及各放大倍数示值误差进行校准测试（图4-6）。校准后，仪器对薄膜晶体管液晶显示器 Mura 缺陷（点 Mura、垂直带状 Mura、面 Mura、划痕 Mura 和光泄漏 Mura）的表达误差降至 3% 以下，对薄膜的厚度测量误差低于 1%，使得仪器的最小可察觉差异更加准确可靠。

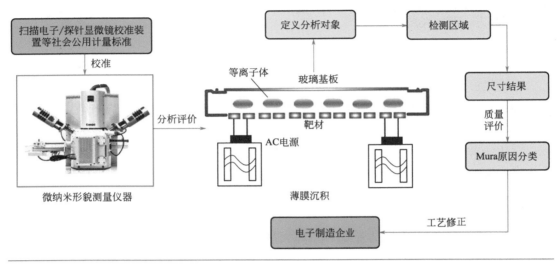

图 4-6　助推电子制造企业对液晶平板 Mura 缺陷精准分析

（3）社会经济效益

　　通过对电子制造企业开展示范应用，有效地帮助企业发现测试仪器存在的问题，避免了因测试结果不准确可能带来的经济和人力损失，解决了企业在薄膜晶体管液晶显示器关键参数测量方面存在的问题，有效提高了企业对 Mura 缺陷的判断能力，提升了企业在新型显示器的工艺修正能力和产品良品率的检测能力，帮助企业节约了大量的研发和生产成本。

4.2 ▸ 空气净化领域

4.2.1　自主研发表面尘埃粒子计数器

（1）应用背景

　　高等级洁净车间是空气净化领域等行业的重要检测项目，纳米尘埃粒子尺寸一般控制在 < 0.1μm 的范围内。生物制药、半导体等行业的特殊性决定了制造过程中对空气洁净

度的要求极高，环境中的杂质对产品器件的特性有改变，甚至有破坏性的影响。传统监测主要是侧重于空间质量（悬浮粒子）的监测，然而对于黏附于各式半导体机台、液晶面板、药品包装包材等表面的粒子也是影响产品质量、性能及安全的关键因素。

（2）产业需求

在国际标准 *Cleanrooms and associated controlled environments —Part 9:Classification of surface cleanliness by particle concentration*（ISO 14644-9:2002）公布前，相关标准均侧重于空气质量（悬浮粒子）的评判，还没有表面洁净度及表面洁净度检测方法的规定。随着国家标准《洁净室及相关受控环境　第9部分：按粒子浓度划分表面洁净度等级》（GB/T 25915.9—2018）的执行，市场对表面粒子计数器的需求相当迫切。目前，国内还没有适用于检测附着于表面纳米级尘埃粒子的表面粒子计数器，主要依赖进口，其中 PENTAGON 公司生产的 Q Ⅲ 系列表面计数器使用最为广泛，但对该类设备尚且没有统一的溯源途径和相关标准。

（3）应用示范内容

课题组针对产业的迫切需求，自主研制了专用于测量无尘车间中附着于各式半导体机台、液晶面板、药品包装包材等表面的尘埃粒子大小及一定采样体积内的表面粒子计数器，以及配套的粒子发生系统，用于出厂质量监控。该系统包括气源及空气处理单元、粒子发生单元、气体采样单元、控制单元四个部分（图4-7）。已申请专利三项，形成自主知识产权，拟申报《光散射表面粒子尘埃计数器》地方标准，规范相关市场。空气洁净领域应用示范如图4-8所示。

课题组通过定值的标准粒子对自主研制的粒子发生系统进行校准，用于表面粒子计数器的出厂监控，确保统计粒径 0.1 ～ 10μm 的准确性，同时参与了国家标准《洁净室及相关受控环境　组合式围护结构通用技术要求》（GB/T 36372—2018）的制定，保障了平板、半导体、生物包装等产业的产品质量，为表面粒子计数器产品提供了质量保证。目前该套标准粒子发生系统已在多家企事业单位应用，获得客户的一致认可。

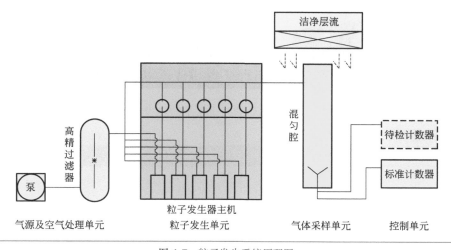

图 4-7　粒子发生系统原理图

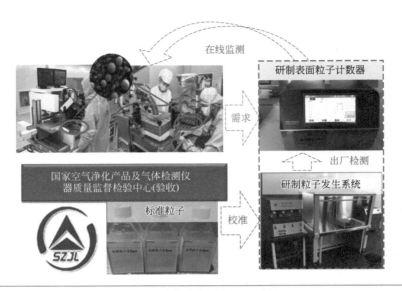

图 4-8 空气洁净领域应用示范图

(4) 社会经济效益

自主研制标准粒子发生系统，预计为某公司新增年收益 150 万元，填补国家技术和产品空白。苏州市计量测试院通过不断提高自身的计量校准能力，为企业新产品的研发提供优质的计量服务，确保粒子发生系统粒径统计数据的准确可靠，支撑国家空气净化产品及气体检测仪器质量监督检验中心（苏州）获得验收（图 4-9）。

图 4-9 国家空气净化产品及气体检测仪器质量监督检验中心验收会

4.2.2 超高效过滤器检测用纳米微球制备及定值研究

(1) 应用背景

量值准确的纳米微球在高等级洁净厂房超微粒子检测验收、微环境洁净度控制、监控仪表定期校准（如凝结核计数器）、超高效过滤器效率检测等领域有着广泛的应用。以电子信息行业为例，目前国内晶圆代工工艺已实现 14nm 制程工艺突破，对核心光刻区洁净度要求极高，光刻区使用的超高效过滤器等级不得低于 U16，MPPS 最易穿透核心光刻区的超高效过滤器等级要求不低于 U17（最易穿透粒径过滤效率不低于 99.999995%）。超高效过滤器检测需要一系列定值准确的纳米微球对其过滤效率进行评价，找出其效率最低的粒径范围，作为过滤器的最易穿透效率。

（2）产业需求

对过滤器最易穿透效率的检测涵盖 30 ～ 300nm 范围内不同粒径的系列纳米微球，目前市面上常用的标准粒子几乎被美国 Duke Scientific（现为 Thermo Fisher）公司垄断，国内虽然有微纳尺寸的标准粒子提供，但是粒径范围主要集中在 100 ～ 1000nm，粒径均一度及溯源可靠性与进口产品相比尚有较大差距。随着国内微纳米精细加工技术的进步和相关产业的迅速发展，对相关标准物质的需求有巨大的增长空间，迫切需要提高高性能纳米微球（如 100nm 以下）的研制、定值和生产能力。

（3）应用示范内容

课题组依托国家空气净化产品及气体检测仪器质量监督检验中心和江苏省纳米技术应用产业计量测试中心（筹）平台，已通过"纳米级长度测量"和"微米级长度测量"项目 CMA（中国计量认证）资质认定，使用高精度场发射扫描电子显微镜和扫描电迁移率谱仪测量系统对微球的粒径进行准确测量和量值溯源，并采用科学的核查方法对数值稳定性进行确认，确保量值准确可靠。具体技术路线如下：

① 通过精细调节聚合反应中的各项实验参数，实现对于乳胶微粒尺寸的精准调控，得到粒径范围在 30 ～ 600nm 的纳米、亚微米单分散聚苯乙烯纳米标准微球（图 4-10）。

图 4-10　不同粒径的聚苯乙烯纳米微球

② 完善微球量值溯源体系。粒径在 100nm 以下的微球通过溯源到美国国家标准与技术研究院（NIST）标准颗粒（SRM 1963、SRM 1964）的扫描电迁移率谱仪进行校准，粒径在 100nm 以上的微球使用溯源到国家基准的扫描电子显微镜进行校准，保证所有粒径定值准确且可溯源（图 4-11）。

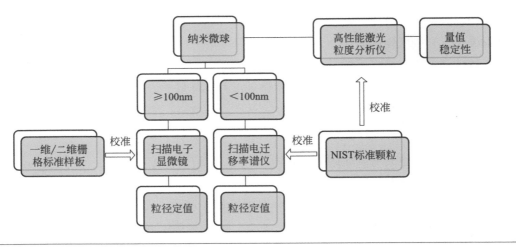

图 4-11 微球量值溯源体系工艺技术路线图

③ 采用高性能激光粒度分析仪对纳米微球量值稳定性进行考核，确保数据的稳定性符合标准物质相关要求。在超高效过滤器效率检测等领域对本项目研发的标准颗粒开展示范应用，为进一步推广使用积累经验。

（4）社会经济效益

本课题通过研制和生产系列微纳尺寸标准粒子，打破国外对此领域的垄断，为高等级微纳米加工环境洁净度检测仪器的评估校准提供性能优良可靠的国产标准物质，预计可带来 100 万元的销售收入。

该系列微纳尺寸标准粒子可用于凝结核计数器校准、高等级洁净室超微粒子检测、超高效过滤器效率检测等，逐步实现进口替代，实现关键技术、核心材料自主可控，支撑国内以电子信息制造为龙头的上下游行业发展与技术进步。

4.2.3　提供洁净室等级适用性评价方案

（1）应用背景

集成电路（IC）和新型平板显示（TFT-LCD、OLED）是信息时代影响深远的科技产业，在国防军工、政府商务、消费娱乐电子等领域都有广泛应用，其中最基础最核心的是晶圆和玻璃基板的加工制造。由于生产加工的环境特殊，为避免人为操作失误带来的质量隐患，提高生产效率，产线大量使用自动化设备。洁净室智能机器人是产品在各制造装备传递的关键设施，以往的洁净度等级只是对整个洁净室空气的宏观监测，往往忽略了自动化设备局部产生的尘埃颗粒对整个洁净室的洁净度等级以及产品的影响，国内尚未开展这方面的研究。洁净室的洁净度急需满足洁净环境要求的自动化设备以达到生产工艺要求，其性能直接影响产线良品率和生产效率。因此需要对洁净室智能机器人做洁净室适应性评价，即设备在洁净环境中按预期使用，评估关键环境、关键受控属性或条件的保持能力。

(2) 产业需求

各行业洁净室所用的智能机器人的种类较多，运行的环境和模式相对复杂，关键的技术难点在于高粒子浓度（HPC）点的确认，即如何根据洁净机器人的工作模式、运动构件结构等方面寻找并确定HPC点。实际检测中要注意检测环境波动对结果的影响，以及使用多台尘埃粒子计数器检测时是否要考虑评估计数器差异带来的影响。针对不同的客户需求，制定相应的校准技术方案，确认设备的运行环境、运行模式以及运行速率。再根据上述条件设置监测布点、采样数量以及选择合适的洁净室的适应性评价的粒径通道。

(3) 应用示范内容

本课题依托国家空气净化产品及气体检测仪器质量监督检验中心建成的空气化学污染控制检测评定实验室（核心区域ISO1级），利用上海市计量测试技术研究院自主研制的标准粒子校准监测用的尘埃粒子计数器，确保不同粒径通道的颗粒统计值准确可靠。再用溯源过的尘埃粒子计数器对用于高等级洁净区域的智能机器人实时监测其出尘量，验证其不同运转速率下对洁净环境的影响（图4-12）。

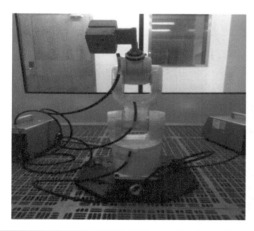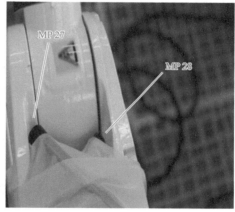

图4-12 尘埃粒子计数器对智能机器人现场监测和部分测点

监测过程包括：与委托方确认设备运行环境、运行模式（运行速率，是否带负载）；试样预处理，设备进入核心检测区前清洁、转运，准备核心检测区其他必要的设备（控制器等）；检测前设备试运行，确认设备工作状态、检测环境、监测设备正常工作；HPC点初步确认（运动机构连接处、密封处及其他可能的区域）；确定检测方案（检测布点、采样数量、设备运行模式、适用性评价的粒径通道）。

由同一测量点不同运行速率下的出尘量比较（图4-13）可知：对有潜在出尘量的测点，运行速率越快，出尘量越大，因为速率越快，对运动构件的磨损和冲击越大，出尘量也会增大。洁净室适用性评价是以在多个粒径通道、多个HPC点用于评估设备洁净室适用性的情况下，ISO Class等级最低的作为设备适用性的最终结果。按 *Cleanrooms and associated controlled environments —Part 14:Assessment of suitability for use of equipment by airborne particle concentration*（ISO 14644-14:2016）评估洁净机器人是否达到洁净室适用性的要求（图4-14）。

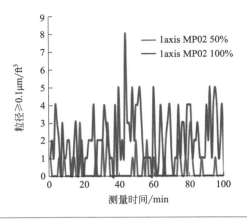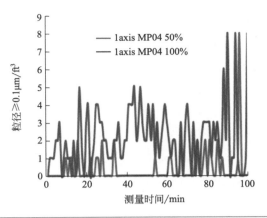

图 4-13　同一测量点下不同转速下的出尘量（1ft³=0.0283m³）

粒径	≥0.1μm	≥0.2μm	≥0.3μm	≥0.5μm	≥1μm	≥5μm	粒径	≥0.1μm	≥0.2μm	≥0.3μm	≥0.5μm	≥1μm	≥5μm
测量次数	100	100	100	100	100	100	测量次数	100	100	100	100	100	100
平均值	8.27	0.47	3.42	2.15	2.76	1.08	平均值	12.98	17.39	6.43	2.89	1.67	0.55
标准差	21.36	6.34	6.75	4.10	3.41	1.93	标准差	57.56	20.48	20.51	10.419	6.87	1.76
95%置信上限	11.82	1.52	4.54	2.83	3.33	1.40	95%置信上限	22.53	20.79	9.83	4.62	2.81	0.84
Z值(ISO Class 1)	—	—	—	—	—	—	Z值(ISO Class 1)	—	—	—	—	—	—
Z值(ISO Class 2)	-4.22	-1.34	-6.30	-6.66	—	—	Z值(ISO Class 2)	—	—	—	—	—	—
Z值(ISO Class 3)	7.58	8.17	-2.43	-4.46	-9.75	—	Z值(ISO Class 3)	0.95	-6.88	-3.38	-3.47	-4.09	—
Z值(ISO Class 4)	—	—	36.24	17.49	-2.72	-6.74	Z值(ISO Class 4)	45.25	22.56	9.34	5.16	-0.60	-4.22
Z值(ISO Class 5)	—	—	—	—	60.63	-2.07	Z值(ISO Class 5)	—	—	—	—	30.84	0.90
Z值(ISO Class 6)	—	—	—	—	—	44.56	Z值(ISO Class 6)	—	—	—	—	—	52.03

图 4-14　不同 HPC 点不同粒径的计算结果

（4）社会经济效益

本课题依托国家空气净化产品及气体检测仪器质量监督检验中心（苏州），针对国内洁净室智能机器人出尘量监控的迫切需求，首次提出了校准检测方案，利用溯源的多台尘埃粒子计数器同时监控洁净室智能机器人多个出风口的出尘量，确保尘埃粒子数统计数据准确可靠，并对洁净室智能机器人做出洁净室适应性评价，解决了集成电路、新型平板显示等产业自动化设备局部产生的尘埃对整个洁净室洁净等级的影响，保障了洁净环境的关键受控属性，降低了产品的不良率，为企业节约了生产成本。

4.2.4　提供净化器滤材微观形貌表征方案

（1）应用背景

随着我国经济发展和人民生活水平提高，人们越来越关注室内空气质量问题。与发达国家相比，我国近年来室内空气质量问题较为严重，特别是挥发性有机化合物（VOC）、半挥发性有机化合物（SVOC）和颗粒物等污染，促使人们开始高度关注空气污染问题，也炒热了空气净化器市场，各种空气净化产品层出不穷。与此同时，许多厂家在宣传空气净化器时夸大宣传净化效果，消费者使用时实际效果与宣传不符，严重影响了消费者对空气净化器产品的信心，不利于行业的健康发展。因此，建立空气净化器性能评价相关的标准迫在眉睫。

(2) 产业需求

空气净化器的滤网就如空气净化器的心脏，滤网的净化性能直接影响整台机器的净化效果。滤网性能主要取决于滤网结构的设计及滤网纤维材料的微观特征尺寸。在标准制定与修订过程中，课题组采用一种正面粗纤维 - 中间活性炭 - 背面纳米纤维的"三明治"结构的典型滤芯，对该结构的微观结构进行观察（图 4-15），研究结构和性能之间的关系。

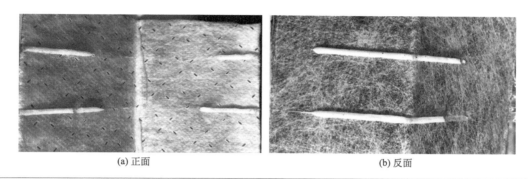

(a) 正面　　　　　　　　　　　　　　(b) 反面

图 4-15　滤芯正面及反面照片（中间黑色部分为活性炭）

(3) 应用示范内容

使用扫描电子显微镜来观察滤芯各个部分的微观结构（图 4-16）。由于滤芯本身不导电，拍摄电镜图片时容易产生荷电效应难以得到清晰的图像，表面喷金处理又可能破坏滤芯原有的微观形貌，因此，选择利用低电压 1 ~ 1.5kV 进行拍摄，在不喷金的情况下得到了清晰的微观结构图像，为相关研究的顺利进行提供了参考。

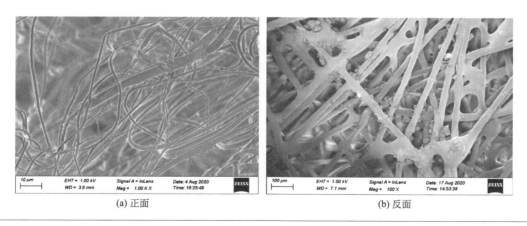

(a) 正面　　　　　　　　　　　　　　(b) 反面

图 4-16　滤芯正面及反面电镜图片（中间小颗粒为活性炭）

(4) 社会经济效益

本案例为开展空气净化器滤芯及产品性能评价奠定了试验基础，助力标准制定与修订项目的顺利开展，促进了整个空气净化器行业健康高质量发展。

4.3 ▶ 纳米制造领域

4.3.1 定值色谱纳米芯

（1）应用背景

在生物制药产业下游工艺中，主要使用液相色谱技术对目标产品进行分离纯化、质量检测和过程分析，纯化成本占总成本的 50% ～ 80%，而我国在色谱制备技术及高性能分离纯化色谱填料等方面，均与发达国家存在较大差距。纳米孔道结构的微球作为生物医药领域分离纯化用色谱柱的填料，当之无愧是整个色谱分离技术的"心脏"，也是目前国内亟待攻克的"卡脖子"技术之一（图 4-17）。目前，90% 的市场份额由美国 GE、日本Tosoh 和德国 Merck 等公司垄断，一旦发生贸易战国外停供，将对国内色谱分析、医药纯化等多个行业产生巨大影响。

图 4-17　科技日报将微球列为"卡脖子"技术的报道

（2）产业需求

苏州某微球生产龙头企业急需开展微球粒径准确定值相关工作。色谱分离纯化效果很大程度上取决于微球的粒径大小和分布，粒径主要分布在 120nm ～ 5μm 范围内。要评价不同厂家的色谱分离性能需要建立在同一粒径基础上，然而市面上现有的微球都是多分散性的，粒径很难精确定值。虽然标注相同尺寸，但实际粒径尺寸差距较大，导致分离纯化效果差距较大。由于业内使用的测量粒径的设备原理不同，粒径量值不统一且没有统一的评判标准，用户很难对不同生产厂家的产品做出有效评估。

（3）应用示范内容

通过建立扫描电子显微镜社会公用计量标准，利用一维/二维栅格标准样板对扫描电子显微镜进行校准，采用电子束扫描技术直接测量颗粒的粒径，结合分析软件，完成颗粒浓度的统计，并分析不确定度来源，给出扩展不确定度，确保测得的粒径大小和均匀度准确可靠，实现粒子的有效定值（图 4-18）。通过对产业用的扫描电子显微镜进行精确的校准，实现对粒径的准确定值。目前该纳米制造企业已获得国际知名色谱柱制造厂商的认可。

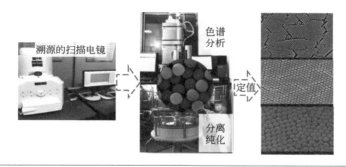

图 4-18　纳米制造领域的应用示范图

此外与多方合作共同申请制定国际标准 *Nanotechnologies—Nanostructured porous silica microparticles for chromatography—Specification of characteristics and measurements*（纳米技术—色谱填料用纳米孔道结构二氧化硅微球—特性和测量方法）已进入预立项（PWI）阶段，对不同粒径产品划分等级，统一了国内外的粒径评判标准（图 4-19）。

图 4-19　ISO/TC229 年度会议上介绍国际标准提案

(4) 社会经济效益

通过统一粒径的溯源途径和评判标准，确保了颗粒的粒径测量结果的准确可靠，保障了色谱分离柱的分离、分析能力和产品不同批次间的重复性，避免了因粒径不同导致的分离纯化效果差异，以及因药品存在微量杂质、纯度不够对整体药效的影响。

通过制定国际标准，打破国外垄断，掌握国际市场话语权，直接影响着 13 亿美元的硅胶色谱柱（填料）市场，可带动近 80 亿美元液相色谱相关耗材市场。

4.3.2　SERS 芯片微纳结构定值技术

(1) 应用背景

近年来，我国的食品安全问题、环境污染问题较为突出，公共卫生安全隐患风险依然存在。党的十九大报告精神指出，中国特色社会主义进入新时代，我国主要社会矛盾已经转化为人民日益增长的美好生活需要和不平衡不充分的发展之间的矛盾。随着生活水平的提高，健康生活的概念渐入人心，在食品安全、环境卫生、生物医疗等领域，快速检测需求日益增加。随着监测网点扩大和检测设备更新换代，"十三五"期间食品安全检测仪器市场规模应在 300 亿元以上。伴随纳米科学技术的迅速发展，基于纳米结构的表面增强拉曼光谱（surface enhanced Raman spectroscopy，SERS）在超高灵敏度检测方面取得了长足的进步。SERS 技术可实现痕量分析（< 10^{-6}），且应用范围广（可测 200 多种物质），目前在快检市场已成为一项必备检测技术。相比其他光谱检测方法，SERS 具备高灵敏度、高选择性和检测条件宽松三大明显优势，可广泛地应用于单分子检测、生物医学检测、表面吸附和催化反应等领域。

(2) 产业需求

近些年，SERS 的定量检测技术日渐成熟，多种 SERS 基底产品已经市场化。SERS 技术的核心是 SERS 基底，包含 SERS 试剂（纳米溶胶）和 SERS 基片（SERS 衬底）。检测活性的高低与 SERS 基底结构即纳米结构分布的均匀性密切相关。如果纳米结构随机排布，导致 SERS 信号不均匀，目标分子信号重复性差，严重影响 SERS 技术的发展和应用。SERS 的均匀性是确保检测结果重复性和可靠性的基础。为确保均匀性，需要使用扫描电子显微镜对 SERS 基底的微纳结构准确定值（如图 4-20），其中纳米凹陷之间的距离应为 10 ～ 100nm，纳米凹陷的口部直径为 50 ～ 1000nm，纳米凹陷的深度为 50 ～ 200nm。

然而，由于国内量传体系尚不完善，标准器存在空白，扫描电子显微镜等纳米设备主要依赖于国外溯源或不溯源。此外，检测方法的缺失导致市场上经常有滥竽充数的低品质 SERS 基底掺杂其中，同质化竞争也不利于市场的稳定发展。因此，确保扫描电子显微镜等微纳结构定值用测量设备的准确性和可靠性，建立 SERS 基底的检测规范标准，是推动 SERS 技术更好满足市场需求的必然要求。

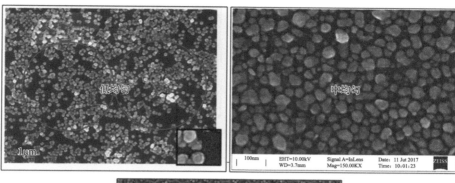

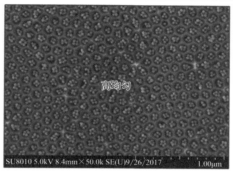

图 4-20　SERS 基底不同均匀性的扫描电子显微镜图片

(3) 应用示范内容

本课题通过建立扫描电子显微镜和扫描探针显微镜社会公用计量标准，利用一维/二维栅格标准样板、纳米台阶高度样板对扫描电子显微镜和原子力显微镜进行校准，实现纳米凹陷间距 10 ～ 100nm、纳米凹陷口部直径 50 ～ 1000nm，纳米凹陷深度 50 ～ 200nm 等多个参数的准确定值。

本课题组与多家单位合作共同制定国家标准《纳米技术　表面增强拉曼固相基片均匀性测定　拉曼成像法》，已于 2019 年 3 月份通过国标委答辩，处于网上公示阶段。该标准利用拉曼光谱成像法来检测 SERS 基片均匀性，同时给出了 SERS 固相基片均匀性质量评价的参考标准，为提高检测结果的重现性和可信度做出保障。

苏州市计量测试院为企业仪器现场校准见图 4-21。

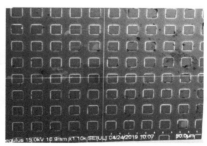

(a) 扫描电子显微镜现场校准图

图 4-21

(b) 原子力显微镜现场校准图

图 4-21 苏州市计量测试院为企业仪器现场校准

(4) 社会经济效益

通过建立纳米领域社会公用计量标准，解决了 SERS 芯片微纳结构测量用仪器的校准溯源问题，实现了量值溯源到国家纳米计量基准，保障了 SERS 基底不同微纳几何参数量值的准确可靠，统一了 SERS 固相基片均匀性质量评价的参考标准。通过制定国家标准，规范市场上 SERS 基片产品评价，促进了固相 SERS 基片技术的推广和使用，满足了食品安全、环境检测等领域的快速灵敏检测的需求。

4.3.3 提供超导材料制造关键参数计量解决方案

(1) 应用背景

千米级高温超导（HTS）长带制备工艺包含三大关键步骤——金属基带制备、氧化物阻挡层沉积和 HTS 膜层沉积，其中涉及的材料表面处理、膜层生长工艺等都是在纳米尺度上进行控制和操作的。基带表面经过平整化后要求其粗糙度在 1nm 以下；阻挡层结构中各膜层厚度在 5 ~ 100nm 之间，薄膜的生长必须在纳米尺度进行严格的操控，以获得生长 HTS 膜层所需的织构和表面结构；在 HTS 膜层中掺入少量的杂质元素并调控膜层生长条件，以形成纳米级的磁通钉扎中心来增强带材在磁场下的超导电流及在超导应用中的实用价值。

(2) 产业需求

苏州某企业主要从事高温超导材料及相关电力装备的研究开发，已成功制备千米级高温超导（HTS）带材，产品在电力、工业、军用和医疗设备等领域有广泛的应用前景。纳米级的膜厚、粗糙度等纳米几何特征参量的测量对该产品的研发和生产至关重要。因此，公司成立的检测中心，专门开展超导材料研发及性能检测，购买了扫描电子显微镜、原子力显微镜等测试设备。为了保证纳米级高精度测试的准确性，必须定期对这些设备开展校准。

(3) 应用示范内容

在详细了解企业的设备校准需求后，课题组针对企业日常测试常用的参数范围制定出科学合理的校准方案，顺利完成了扫描电子显微镜的校准。在校准原子力显微镜时，由于仪器探针夹存在变形损坏及实验室新上任操作人员对设备仍不熟悉，校准未能顺利展开。课题组积极帮助企业联系设备厂家售后团队沟通探针夹损坏解决方案，并结合设备使用经验对新上任操作人员进行培训及技术指导，帮助其熟悉设备使用。在修好探针夹后顺利完成了仪器校准，保证了该公司仪器设备的正常使用及量值溯源。在此过程中，课题组专业耐心的服务也得到了客户的一致好评。

(4) 社会经济效益

NQI 项目开展以来课题组已经连续 3 年为企业提供扫描原子力显微镜等设备的计量校准服务，帮助某实验室成功获得中国合格评定国家认可委员会（CNAS）实验室国家认可证书，一举跻身国家认可实验室行列，成为超导行业迄今为止第一家、也是唯一一家获得 CNAS 认可的授权实验室，有效促进了高温超导带材在国内的推广应用，促进了节能减排、环境保护，也为半导体和金属在柔性带上制备、光伏、LED 和磁性材料等相关领域应用高温超导材料建立了技术基础，推动了相关产业创新发展。

4.3.4 提供流式细胞仪量值溯源方案

(1) 应用背景

流式细胞仪是对快速直线流动的细胞或微生物微粒进行快速定量测定和分析的仪器。它的工作原理是基于流式细胞技术而完成的，能够检测单细胞多种特性并加以分选，如图 4-22 所示。细胞悬液在鞘液的约束下，形成单细胞悬液，通过激光照射产生散射光和荧光信号，经转换成为电信号，计算机接收到电信号再转换为数字信号，最终以图形的形式呈献给操作者。该仪器主要以流式细胞术为核心技术，是集光学、电子学、流体力学、激光技术、细胞化学、免疫学和计算机等多门学科和技术于一体的先进科学技术设备。具有测量速率快、被测群体大、可进行多参数测量等特点，是现代科学研究中的先进仪器之

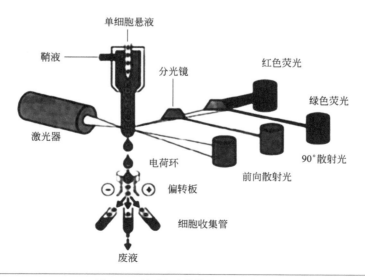

图 4-22 流式细胞仪基本原理示意图

一，被誉为实验室的"CT"。目前，该类产品的市场主要被国外仪器垄断，在全球贸易保护主义盛行的当下，突破该类仪器制造技术瓶颈、实现国产化是相关领域研究者需要解决的问题。

(2) 产业需求

苏州市民生科技某项目通过自主创新开发出可应用于微生物实时定量检测的流式细胞仪，通过测量单列流动中标记细胞的荧光，实现细胞或者其他生物颗粒的快速、准确定量分析和分选。在项目验收阶段，选择有相关经验的第三方机构对仪器指标进行测试验收。

(3) 应用示范内容

对激发激光器、最高检测速度、检测流量系数、检测分辨力、检测通道等指标的验收方法进行了详细探讨及论证，共同拟定了"应用于微生物实时定量检测的流式细胞仪测试大纲"，用于指导整个验收工作（通道测试结果见图4-23）。验收中主要使用的标准样品为10μm 直径荧光微球及900nm、3μm 均一粒径的标准微球，微球粒径均使用扫描电子显微镜测量进行了溯源（图4-24）。

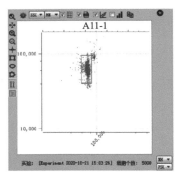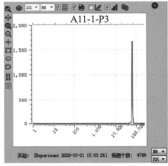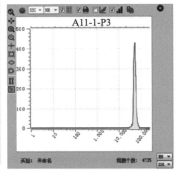

图 4-23　通道测试结果

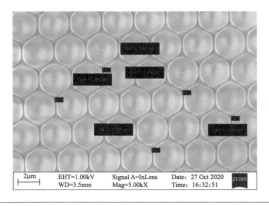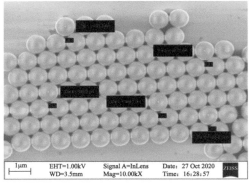

图 4-24　标准微球粒径量值溯源

(4) 社会经济效益

通过该示范应用案例的开展，探索完善了"可应用于微生物实时定量检测的流式细胞仪"

这类仪器的质量评价方法，对推动该类仪器打破国外垄断、实现国产化起到积极推动作用

4.4 ▶ 精密加工领域

(1) 应用背景

习近平总书记在党的十九大报告中指出：加快建设制造强国，加快发展先进制造业，不断增强我国经济创新力和制造力。我国汽车和摩托车正从制造大国转向制造强国。发动机是为汽车和摩托车提供动力的核心，是汽车和摩托车产品的心脏，影响产品的动力性、经济性和环保性。加快汽车和摩托车发动机关键零部件制造工艺和质量提升，是产业发展的重要任务之一。发动机部件关键部位特征微观结构的精准测量是部件制造工艺、失效机理及寿命预测的基础，监测在发动机部件加工制造过程中关键部位的差异（表面粗糙度、形变、夹杂物等），以指导部件制造工艺的修正，并对服役部件的状态（涂层缺陷、磨损、清洁度、蠕变等）进行离线和在线检测，为部件寿命预测提供可靠的测试数据和修正依据。

(2) 产业需求

重庆是我国重要的汽车和摩托车发动机产业基地，至 2019 年，重庆地区汽车发动机产销量约占全国市场份额的 30.0%，而摩托车发动机产销在 800 万辆左右，约占全国总量的 40%。然而在以重庆为中心的西南地区，现有的相关计量标准和测试方法暂时落后于汽车和摩托车发动机产业发展，与产业脱节，满足不了产业发展的需求。发动机部件的制造工艺稳定性检测、准确预测部件服役寿命所使用的微纳米尺度形貌测量仪器的定期校准主要还是由国外检测机构或者设备商完成，这一过程不仅周期长而且检测费用也非常高。国内汽车和摩托车发动机生产商迫切希望能够在当地就能进行相关校准，有效降低计量成本和时间成本。尤其是解决适应企业制造现场的实时在线校准技术难题，对于监测部件的制造过程和实际运行状态更有意义。

(3) 应用示范内容

本课题深入发动机制造企业，从发动机设计研发到生产制造的全链条各环节，针对性地解决产业中复杂部件制造过程、服役使用中与微纳米几何特征参量相关的"卡脖子"问题，具体解决方案如图 4-25 所示。

通过纳米几何特征参量计量标准器建立纳米计量领域社会公用计量标准，解决产业内扫描探针显微镜、扫描电子显微镜等微纳米尺度形貌测量仪器的溯源问题，通过对零部件出现的 100nm ～ 10μm 断层区域缝隙裂纹、孔洞、杂质颗粒大小等尺寸进行准确地测量，确保其测量尺寸的准确可靠，提高缺陷定量分析的准确率；对电机定子宏观形貌、断口微观形貌、成分及安装过程复查等方面进行分析，找出电机定子法兰断裂的原因及断裂失效

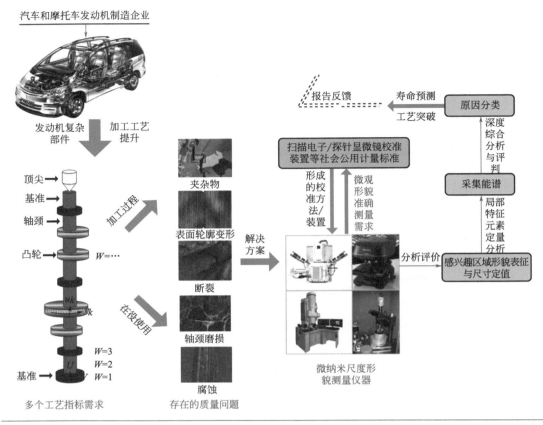

图 4-25 汽车和摩托车发动机领域的应用示范图

机理并给出措施建议，从而避免了此类质量问题的发生。

断口形貌及疲劳条纹形貌如图 4-26 所示。

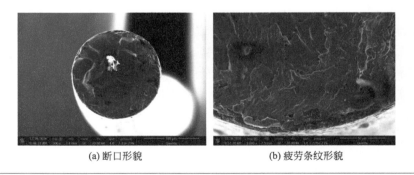

(a) 断口形貌　　　　　　　　　　(b) 疲劳条纹形貌

图 4-26 断口形貌和疲劳条纹形貌

课题组先后帮助 10 家企业找出发动机关键零部件齿轮、凸轮轴、花键等样件失效位置并准确测量，分析缺陷原因，改善工艺，解决批次加工件故障。

实现产业中常用的复合式坐标测量机、三维光学扫描仪等测量设备的在线校准，主导《复合式坐标测量系统校准方法》《三维光学扫描仪校准方法》地方校准规范建立。通过实现企业制造现场的在线校准技术，确保了部件在线加工制造中关键部位的微纳形貌准确检测，以及时反馈并实现制造工艺的修正。

此外，本课题的研究内容有力推动了国家汽车和摩托车发动机产业计量测试中心的建立，形成具有产业特点的微纳米量值传递技术和产业关键领域微纳米尺度关键参数的测量、测试技术，开发产业专用测量、测试装备；通过研究服务汽车和摩托车发动机产业全溯源链、全寿命周期、全产业链并具有前瞻性的纳米计量技术，加强纳米计量测试能力、纳米计量科技创新能力和运行能力建设，为汽车和摩托车发动机产业发展提供高技术、高质量的服务。

（4）社会经济效益

通过新建立微纳米计量标准，使原本依赖于国外溯源的量值统一溯源至国家计量基准，打破了国外垄断；通过对微纳米测量系统的准确量值传递，确保齿轮、花键、凸轮轴等汽车和摩托车发动机部件的几何量值、感兴趣区域微观结构的测量结果的准确可靠，确保找出其失效原因和故障位置，解决批次加工件故障，协助汽车和摩托车发动机制造企业修正制造工艺，监测并预防发动机失效质量问题。通过发动机标准件关键参数的准确计量，帮助发动机制造企业尽快完成新型发动机功能的测试，缩短研发周期，保障产品质量，支撑汽车和摩托车发动机产业发展。

示范应用的开展进一步提升了国家汽车和摩托车发动机产业计量测试中心（筹）的发动机领域计量测试技术和检测服务能力，促进其成为国内一流的公共检测服务平台。

4.4.2 助力汽车塑料电镀零件检测

（1）应用背景

随着工业的迅速发展，塑料的应用日益广泛，电镀成为塑料产品中表面装饰的重要手段之一。与金属制件相比，塑料电镀制品不仅可以实现很好的金属质感，而且能减轻制品质量，在有效改善塑料外观及装饰性的同时，也改善了其在电、热及耐蚀等方面的性能，提高了其表面机械强度。但电镀用塑料材料的选择却要综合考虑材料的加工性能、电镀的难易程度以及尺寸精度等因素。汽车电镀零部件如图 4-27 所示。

国际上工业先进国家的塑料电镀质量水平很高，我国广东和浙江地区的生产水平在国内处于上游水平，在外观上能与国外先进产品相媲美，并能达到外资企业质量的要求，但内在质量因测试手段和测试规范还不健全，质量参差不齐。

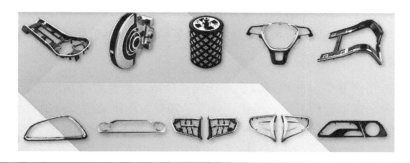

图 4-27 汽车电镀零部件

(2) 产业需求

影响塑料电镀的因素有很多种，包括注射机选用、塑件选材、塑件造型、电镀厚度等。高精度扫描电子显微镜用于测量塑料镀膜厚度和塑料电镀微观形貌观察。通过对塑件的测量观察，分析原因，制定工艺流程，改进工艺方法，从而得到不仅外形美观而且内在质量上乘的塑料电镀件。但是目前扫描电子显微镜缺少自校的标准物质，微纳关键几何尺寸的准确测量缺乏必要的溯源手段，急需相关的纳米几何特征参量计算标准器，建立起溯源链清晰准确的微纳几何尺寸测量方法，以满足产品质量控制和改善工艺的需求。

(3) 应用示范内容

广东省计量科学研究院通过多功能标准样板、个人剂量仪等标准器，建立扫描电子显微镜检定装置社会公用计量标准，溯源至"纳米几何量国家计量标准装置"。该计量基准的建立，解决了企业产品研发和生产过程中微纳几何尺寸量值溯源问题，确保企业微纳关键参数量值的准确可靠，为企业的产品研发与生产质量控制过程提供重要的计量技术保障。

(4) 社会经济效益

通过对产业中常用的高精密测量设备进行检定校准服务，确保测量结果的准确可靠，协助企业逐步完善内在质量的测试手段和健全测试的规范，为产品的质量监控保驾护航，确保该企业在电镀行业的激烈竞争中的领先地位。在不久的将来，我国的汽车塑料电镀产品无论外观还是质量必定会达到国际先进水平。

4.4.3　确定非规则微观结构的准确定值技术

(1) 应用背景

微纳米特征颗粒形貌的定值是纳米计量技术的重要组成部分，其形貌尺寸量值的准确性直接关系到纳米产品的质量和寿命，因此对微纳米颗粒几何特征及机理规律的探索及应用研究十分必要。基于电子扫描显微分析技术，采用图像拼接配准及多颗粒边缘特征自适应搜索算法，能够实现对多颗粒样品的识别、判断及分类统计。尽管如此，我们需要进一步明确：如何在三维形状描述理论机理不同的情况下实现多类型非规则颗粒自适应阈值的分割定位，如何通过纳米计量标准实现对微纳米形貌测量仪器的高精度校准，从而使得非规则被测颗粒的测量结果具有溯源性，能够准确可靠地实现量值传递。

(2) 产业需求

在新能源汽车产业中，非规则微观形状尺寸精准定值是对产品性能表征或测试的关键，例如，多种非规则颗粒形状的统计、分类是实现发动机清洁度精确检测的重要依据，纤维棉的微观结构特征及分布直接影响着其保温隔热、吸声降噪的性能。因此，深入新能源汽车产业，针对性地解决产业中与微纳米颗粒定值相关的"卡脖子"问题，以微纳米颗粒形貌准确定值方法为研究切入点，非规则颗粒测量理论机理与纳米计量技术结合，使图像配准拼接与边缘处理技术有效组合，形成准确可靠的微纳米颗粒分析系统；通过为新能源汽车产业内微纳米颗粒定值及应用提供新思路，推动系列产品化应用，有效地为新技术突破提供纳米计量技术支持和解决方案。

（3）应用示范内容

本课题深入调研新能源汽车制造相关企业，了解从产品设计研发到生产制造的全链条各环节计量检测需求，针对性地解决产业中复杂部件制造过程、服役使用中与非规则微观形状尺寸精准定值相关的"卡脖子"问题，建立的微纳米非规则颗粒形状特征定值方法如图 4-28 所示。

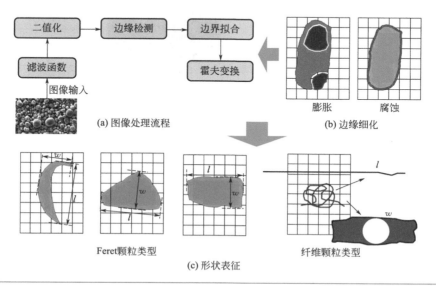

图 4-28 建立的微纳米非规则颗粒形状特征定值方法

课题组使用已校准溯源的微纳米形貌测量仪器对多颗粒样品进行采样获取，使用多视场配准拼接的方法能够扩大被测样品的范围；自适应阈值的图像边缘分割算法适应于多样性的颗粒边缘识别定位；结合颗粒的能谱信息，对感兴趣颗粒进行分类，以直方图方式详细统计颗粒特性；以深度学习方法对大样本颗粒物形状信息进行归纳并挖掘，能提高决策能力，降低对技术人员检测经验的要求。实现对出现的 100nm ～ 10μm 纤维颗粒、Feret 颗粒尺寸进行准确的定值。

新开发的微纳米颗粒定值系统应用如图 4-29 所示。

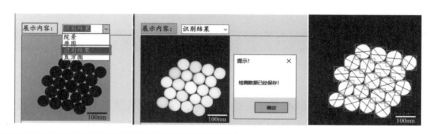

图 4-29 新开发的微纳米颗粒定值系统应用

课题组先后帮助多家新能源汽车制造企业及研究单位，解决新研制产品及服役发动机部件中涉及的非规则微纳米颗粒形状定值问题，有效帮助企业搭建发动机清洁度检测系统（图4-30）。

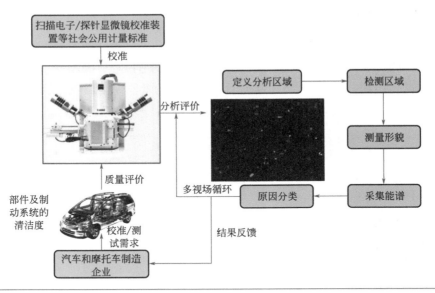

图4-30 帮助企业搭建发动机清洁度检测系统

通过建立的纳米领域计量标准装置及校准方法，实现产业中常用的微纳米颗粒尺寸测量仪器的在线校准。课题申报发明专利《用于校准微纳米坐标测量系统测量误差的标准装置》1项，主导《复合式坐标测量系统校准方法》地方校准规范制定，解决复合式坐标测量系统的校准溯源问题。

(4) 社会经济效益

深入新能源汽车产业从设计研发到生产制造的全链条各环节，针对性地解决产业中与微纳米颗粒定值相关的"卡脖子"问题，以微纳米颗粒形貌准确定值方法为研究切入点，非规则颗粒测量理论机理与纳米计量技术结合，使图像配准拼接与边缘处理技术有效组合，构建出微纳米颗粒分析系统，为微纳米颗粒定值及应用提供新思路；形成的计量标准装置和测量方法将依托企业，推动产品化应用，为国家新能源汽车产业提供技术支持和解决方案，提高发动机制造质量和生产效率，具有显著的社会效益和经济效益，同时向下带动中低端制造行业的发展，所研究的测量方法将通过国家溯源体系以及规范培训等方式，实现推广应用。

4.4.4 解决三维显微镜横向示值误差的校准

(1) 应用背景

随着微细加工技术逐步丰富和精细的发展，零器件三维微观表面形貌测量和表面形貌特性研究具有十分重要的理论意义和工程实际应用价值。目前常见的重构式三维表面形貌测量仪器主要包括白光干涉仪、共聚焦显微镜、光学三维扫描测量仪等，都具有快速、非接触式测量获得材料粗糙度、二维／三维表面分析以及高分辨力成像的特点，已广泛应用于半导体电路、发光二极管（LED）、太阳能电池、薄膜材料、微机电系统（MEMS）、精密机械零部件、摩擦磨损等各个领域。

（2）产业需求

目前三维显微镜产品校准方法并不完善，相关的国家规范空白。作为一种三维图像测试方法，使用台阶标准器可以实现其纵向校准，但横向校准的标准器尚不完善。考虑到该类仪器的三维重构特性，要求标准器的线纹立体形貌中横向与纵向垂直度高，传统的线纹尺等标准器不再适用，可考虑使用用于微纳米尺寸长度校准的一维栅格或二维栅格。为了同时测量仪器在平面横向扫描的线性效应和放大倍率，推荐使用二维栅格开展横向校准。但由于三维显微镜类产品不同倍率镜头其测量范围跨度较大，目前市场上已有的二维栅格尺寸单一，需要配备多种尺寸标准开展校准工作，会大大增加标准器的购买及维护成本。因此，急需研发一种跨尺度、多参数、具有广泛适用性的基于重构法的三维显微镜横向示值误差校准标准器，提高该类仪器校准效率，完善该类仪器量值溯源体系。

拟解决的关键技术包括：

① 根据重构法三维显微镜工作原理及测量范围，合理设计二维栅格标准器，研究标准器的制备工艺；

② 研究标准器的校准溯源技术，保证量值溯源准确性；

③ 围绕标准器的重复性、稳定性开展测试，对标准器的不确定度进行评定。

（3）应用示范内容

针对上述产业问题，采用以下技术路线：

① 标准器的设计。二维栅格标准样板的设计主要包括循迹结构图形与标准几何尺寸结构图形两个部分，其结构如图 4-31 所示。其中三角形状的循迹标识具有指向和定位功

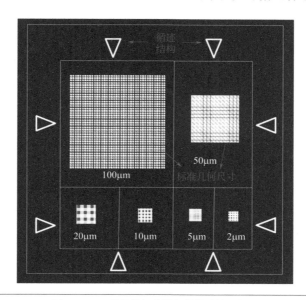

图 4-31　二维栅格标准样板整体结构示意图

能，可以快速定位有效几何尺寸结构所在位置，保证多次测量的重复性。几何尺寸结构图形由一系列不同尺寸的二维栅格组成，尺寸选取根据光学镜头型号系列进行优化设计，可用于校准三维显微镜在平面横向扫描的线性效应、放大倍率、横向分辨力、纵向分辨力等参数，同时在一个标准片上集成多种尺寸二维栅格标尺可以有效拓展标准器使用范围，提高校准检测效率。

② 标准器的制备工艺。二维栅格标准样板的制备工艺过程如图 4-32 所示，主要包括衬底材料准备、氧化 / 淀积、光刻、刻蚀、溅射等，其中光刻为质量控制关键步骤。当前半导体加工行业内普遍使用的光刻技术为电子束光刻和投影光刻。电子束光刻是指使用电子束在样品表面上制作图形的工艺，主要用来制作光掩膜，在加工工艺中基本不使用电子束直接对硅晶圆片直接曝光（即不使用掩模版而直接用聚焦电子束对硅晶圆片上的光刻胶直接曝光）。电子束光刻的优点在于：可以制备纳米级别线宽的光刻胶图形，工艺程度较完善，控制操作精确，但该方法加工效率较低，不适合批量产出。投影光刻是将掩模版上的图形投影到涂有光刻胶的硅晶圆片上，其中掩膜版与硅晶圆片之间存在几厘米的距离，其特点为分辨力高，重复性好，不易损坏掩模版。投影光刻的最小分辨力为 0.15μm，也就是说使用投影光刻技术可以制备栅格样板的极限尺寸为 0.3μm。基于以上光刻技术的特点，考虑到三维显微镜类仪器适用二维栅格尺寸在 0.5μm 以上，拟选用投影光刻工艺制作二维栅格标准器。

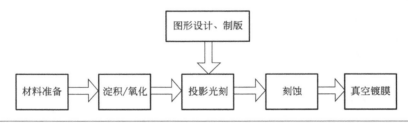

图 4-32 二维栅格标准样板的制备工艺过程

③ 标准器的校准溯源技术。标准器加工完成后，必须经过校准定值才能用于量值的传递。衡量二维栅格样板的质量参数主要是栅格样板的均匀性、稳定性、栅格平面与基底的平行度、栅格侧面与基底的垂直度等。本项目拟用已校准溯源的原子力显微镜、扫描电子显微镜、光学显微镜等对标准器的几何参数进行标定定值，考察加工准确度、均匀性。每个月对同一块样板的同一区域测量两次标准样板栅格结构的数值，共监测 6 个月，考察其稳定性。综合分析校准测试结果，分析校准装置、仪器分辨力、温度波动等方面对栅格周期值的影响，给出标准周期值的不确定度分析。

④ 标准器的试验验证。选择不同厂家、不同型号、不同镜头放大倍率的白光干涉仪、共聚焦显微镜、三维扫描测量仪进行试验，对栅格标准器的适用性进行进一步验证，总结使用经验，为标准器的进一步推广应用奠定基础。

设计加工的二维标准片的尺寸分布如表 4-1 所列。

表 4-1　二维栅格标准片特征尺寸分布及数量

栅格周期 /μm	正方形图案边长 /μm	XY 方向周期数量（X×Y）
500	250	20×20
200	100	16×16
100	50	30×30
50	25	30×30
20	10	30×30
10	5	60×60
5	2.5	60×60
2	1	60×60

使用扫描电子显微镜对研发标准片的示值误差进行了校准，如图 4-33 所示，保证标准片各项指标达到设计要求，并在白光干涉仪等仪器上开展了应用。

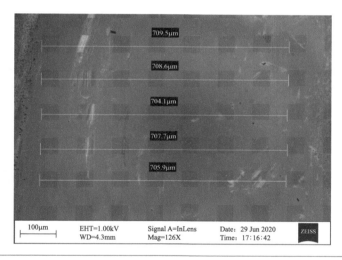

图 4-33　栅格标准器扫描电子显微镜图像

（4）社会经济效益

通过与重构式三维光学测量仪厂家开展合作，推广标准片的使用，保证仪器测试精度，积极参加该类仪器地方、国家校准规范起草，为提高整个行业的测试水平做出了贡献。

4.5 ▶ 服务公共测试平台

4.5.1　提供微量痕迹的高精度计量解决方案

（1）应用背景

苏州某司法鉴定中心是江苏省通过国家认证认可为数不多的司法鉴定机构之一，长期以来为苏州乃至周边地区的公、检、法、司、卫生系统和企事业单位以及个人提供了多方位、多专业的司法鉴定服务。

(2) 产业需求

依据学科方向分类，司法鉴定中心分为法医病理、法医临床、法医物证、法医毒物分析、痕迹鉴定、微量物证鉴定等专业的司法鉴定业务，其中痕迹鉴定、微量物证鉴定需用到扫描电子显微镜等微纳几何参数测量设备，如何保证设备溯源链完整有效、实现高精度测量，是保证司法公正的重要基础。

(3) 应用示范内容

在了解司法鉴定中心的仪器计量校准需求后，工程师前往实验室现场进行沟通确认，了解其在测试过程中经常使用的设备参数，如电子束电压、放大倍率、工作距离、信号采集模式等，制定出科学合理的校准方案，提供高质量校准服务。

(4) 社会经济效益

课题组已连续三年为司法鉴定中心提供扫描电子显微镜的计量校准服务，利用校准过的电镜，受理了上百起痕迹鉴定案件，涉及交通事故肇事逃逸、车辆属性等方面的鉴定，包括车辆油漆、纤维、橡胶等物证的比对，可疑爆炸物定性鉴定，剧毒品定性定量鉴定等方面，为相关司法鉴定案件证据有效性提供有效保障。另外，还帮助司法鉴定中心完成扫描电镜测量项目的 CNAS 认证，进一步完善了鉴定资质，有效提高了中心的技术水平。

4.5.2　助力高校微纳米材料几何尺寸技术研究

(1) 应用背景

清华大学深圳研究生院材料与器件检测中心成立于 2009 年，2013 年首次通过中国合格评定国家认可委员会（CNAS）认可，其后经过两次检测能力扩项，现已有 400 余项检测能力通过 CNAS 认可。中心出具的 CNAS 认可范围内的检测报告可与亚太实验室认可合作组织（APLAC）和国际实验室认可合作组织（ILAC）各成员互认。2019 年，根据发展需要，经清华大学深圳国际研究生院同意，中心更名为"清华大学深圳国际研究生院材料与器件检测技术中心"。中心是具备向校内外教学、科研和企业研发提供公正、权威检测数据的机构。作为深圳市规模较大的高校共享实验平台，依托平台先进的设备优势、专业技术优势以及人才优势，致力于充分整合资源，为高校科研教学与社会企业事业单位服务。

(2) 产业需求

清华大学深圳国际研究生院材料与器件检测技术中心拥有各种精密测量设备，中心用于石墨烯材料的层厚及层数、微纳米颗粒材料的粒度分布、薄膜材料的表面微观形貌、衬底材料的表面粗糙度、微纳米线间隔样板的线间距、微纳米台阶的台阶高度等微纳米几何量测量的扫描探针显微镜的量值溯源存在空白，作为面向高校与社会的共享实验平台，其设备必须具备完整、准确的溯源量值传递体系。

原子力显微镜测试样品图片如图 4-34 所示。

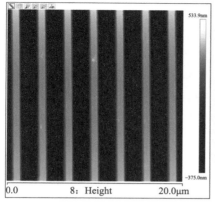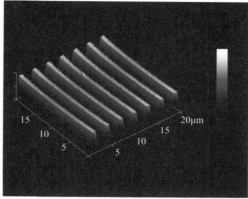

图 4-34　原子力显微镜测试样品图片

(3) 应用示范内容

针对上述情况，清华大学深圳国际研究生院材料与器件检测技术中心同广东省计量科学研究院密切合作，为解决量值溯源问题进行了深入探讨。广东省计量科学研究院作为华南地区较具代表性的计量机构，通过购置纳米级台阶样板、纳米级间隔样板、二维纳米线间隔样板等标准器，建立扫描探针显微镜校准装置的社会公用计量标准，为检测技术中心的扫描探针显微镜的量值溯源问题提供了必要条件。检测技术中心的扫描探针显微镜可通过我院的纳米几何特征参量标准器溯源至"纳米几何量国家计量标准装置"。

(4) 社会经济效益

通过解决清华大学深圳国际研究生院材料与器件检测技术中心的扫描探针显微镜的微纳尺寸测量结果量值溯源问题，确保了该中心微纳测量关键参数值在国内外具备可比性，为该中心服务于教学、科研和企业产品研发而提供的数据的有效性和计量溯源性提供了保障。

4.5.3　协助提升食品、化妆品安全的研判能力

(1) 应用背景

纳米产品及纳米技术对公共健康的影响及监管产品的潜在影响，使得国内外对纳米产品自身的安全有效性愈加关注。微纳米几何特征测量仪器在临床疾病监测与诊断、新型医药与食品的开发、产品质量鉴别、食材新鲜度鉴定、食品益生菌新物种鉴别等方面都起到举足轻重的作用。因此，针对微纳尺度形貌测量仪器的测量准确性的快速评价以及周期性检测十分重要，这直接关系到被测对象的性能、质量、安全有效性以及与公共安全影响的关系。我国进口食品及原料数量呈现不断增加的态势，为了应对进口产品的安全进行全面而系统的规范行为，依据国家制定的进出口产品相应的法律法规，对进口产品及原料信息

进行溯源，实现对进出口产品的监督管理。

（2）产业需求

在进出口检验检疫、食品生产监管等社会民生领域，纳米计量技术为进出口商品品质检验、出口商品包装检验、进口产品品质检验、进口商品残缺检验、出口动物产品检验、进出口食品卫生检疫提供有效的技术支撑手段（图4-35），但是纳米测量设备与相关附件计量特性的溯源性问题表现突出。目前国家进出口检验检疫、食品生产监管等领域尚未建立完整的纳米几何量值传递体系，特别是整个西南地区完全空白，相比国外仍存在较大差距，迫切需要开展相关研究。

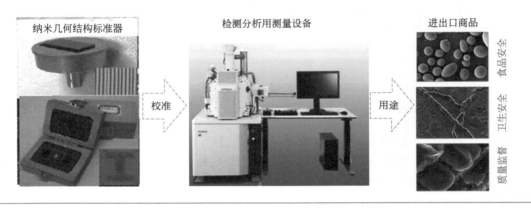

图 4-35　解决检验检疫监督管理部门对微纳米测量仪器的量值溯源问题

（3）应用示范内容

针对社会民生安全领域需求，本课题提供以下解决方案：

① 通过建立扫描探针显微镜校准装置等社会公用计量标准，完善纳米量值传递体系，直接服务于进出口检验检疫单位、食品生产监管单位、医疗机构、医药公司及研究机构等的纳米测量设备的校准，确保全国不同地区量值的准确、一致、可靠。

② 针对医疗医药领域测量仪器原理不同，导致检测产品形状粒径量值不统一的问题，应用溯源的电子扫描显微镜分析技术实现粒径的定值，建立溯源链清晰可靠的微纳米标准物质三维形貌尺寸定值系统，真实还原被测形貌，提高测量准确度。

（4）社会经济效益

通过新建立微纳米计量标准补充了以重庆为中心的西南地区的纳米几何量值溯源链条。本课题形成的一套完整成熟的校准方法和可靠的校准标准，在对本地区开展计量传递和计量校准工作同时，可辐射到周边省市和地区，帮助他们实现对该类仪器的计量管理，解决进出口检验检疫单位、食品生产监管单位、医疗机构和医药企业对于仪器工作情况的担忧，切实地为广大群众服务，体现我国政府对公民的良好保障。

第**5**章
生物医药产业应用示范

　　生物医药产业是我国战略性新兴产业的主攻方向，对于我国抢占新一轮科技革命和产业革命制高点，加快壮大新产业、发展新经济、建设"健康中国"具有重要意义。在我国《"十三五"国家战略性新兴产业发展规划》中强调要加快推动生物医药产业成为国民经济的支柱产业，生物医药产业的快速发展，带来巨大的计量测试需求，但是目前该领域社会公用计量标准建设迟缓，量传溯源能力仍存在空白，急需加强纳米计量体系建设，满足生物医药重点领域对纳米计量测试技术的需求。纳米几何特征参量计量技术是支撑生物医药产业发展的基础，目前量传体系的不完善以及纳米几何特征参量计量标准器的缺失，已成为限制我国生物医药产业的技术壁垒。在生物医药产业中应用广泛的扫描电子显微镜、透射电子显微镜等纳米测量设备都无法校准溯源直接导致测量误差巨大，无奈之下只能溯源到国外；药物的粒度是表征药物的一项重要指标，所有粒度分析装置量值溯源只能通过应用粒度标准物质的方式来解决，而目前粒度标准物质的定值缺乏必要的溯源手段，在定值过程中还存在很多问题亟待解决。

　　本章是关于上海市计量测试技术研究院、山东省计量科学研究院、南京市计量监督检测院等单位依托国家重点研发计划"纳米几何特征参量计量标准器在生物医药产业应用示范"（课题编号 2018YFF0212305），在药物注册及仿制药一致性评价、纳米药物研究、生物医药质量控制、微创医疗器械生产、医疗事故防范等领域广泛开展了相关的应用研究。具体内容包括：仿制药粒度检测标准的开发和验证、纳米脂质体的结构表征、各类型血管支架的微区形貌测量、药物包装材料的安全性评价等。在生物医药及相关产业中的应用机构和企业达近百家，解决了一直困扰行业的纳米量值溯源难、纳米尺度测量不准确的难题，为其产品的研发设计、生产制造、品质检验、贸易流通等环节提供了有力的技术支撑。

　　本章总结了 15 个在生物医药及相关产业中的典型应用，从应用背景、产业需求、应用示范内容和社会经济效益等方面，详细介绍了示范应用的全过程。希望能为今后纳米几何特征参量计量标准器在生物医药产业中的进一步推广应用提供经验参考。

5.1 ▶ 药物注册及仿制药一致性评价领域

我国是化学仿制药大国，也是世界第二大医药消费市场。截至目前，我国拥有 4800 多家化学药品生产企业，批准化学药品批准文号约 10.7 万个，95% 以上为仿制药，涉及约 4000 个药品品种，涵盖了心血管、抗肿瘤、抗感染等近 30 个治疗领域，较好地满足了人民群众的用药需求。仿制药在保障百姓健康和推动我国医疗卫生事业发展中发挥了不可替代的作用。所谓仿制药，是指与被仿制药具有相同的活性成分、剂型、给药途径和治疗作用的药品；原研药是指境内外首个获准上市，且具有完整和充分的安全性、有效性数据作为上市依据的药品。

党中央、国务院高度重视人民群众健康，多年来不断提升我国药品生产能力，保障公众用药的可及性，同时也致力不断提升我国药品质量。2020 年修订《药品注册管理办法》，提出仿制药应当与被仿制药具有质量和疗效一致性，优先选择原研药作为仿制对象。2015 年发布《国务院关于改革药品医疗器械审评审批制度的意见》（国发〔2015〕44 号），实施化学药品分类改革，将仿制药由"仿制已有国家标准的药品"调整为"仿制与原研药品质量和疗效一致的药品"，并要求企业按照与原研药品质量和疗效一致的原则，对已上市的未按照与原研药品质量和疗效一致性标准审评批准上市的仿制药，分期分批进行质量一致性评价。

2016 年印发《国务院办公厅关于开展仿制药质量和疗效一致性评价的意见》（国办发〔2016〕8 号），标志中国仿制药质量和疗效一致性评价工作全面展开。2017 年国家药品监督管理局药品审评中心（CDE）发布《已上市化学仿制药（注射剂）一致性评价技术要求（征求意见稿）》。

我国是制药大国，但并非制药强国。在国际医药市场，我国还是以原料药出口为主（我国已经成为全球最大原料药生产国和出口国），但制剂出口无论是品种还是金额，所占的比重都较小，造成这一现象的根本原因在于制剂水平的相对落后。制剂是有效成分、辅料和包材的有机结合，一致性评价将促进企业更多地进行生产工艺和辅料、包材的综合研究，全面提高制剂水平，加快我国医药产业的优胜劣汰、转型升级步伐，进一步推动我国制剂产品走向国际市场，提高国际竞争能力。开展仿制药一致性评价，还能够推动制药行业供给侧结构性改革，改变现在原研药在部分大医院药品销售比达到 80% 的局面，有利于减少医保支出，提高医保基金的使用效率。仿制药一致性评价也将有助于提升我国制剂水平，实现制药行业高质量发展。

5.1.1 药物颗粒粒径检测

（1）应用背景

在医改背景下，健康服务的购买方需要以合理的资源获得最多的健康服务，作为发展中国家，仿制药是公共卫生政策的重要支撑。今后几年，将是药品专利到期的高峰，专利药的到期给仿制药的发展带来巨大的空间。据库存管理系统（IMS）的数据，到 2019 年就有 1600 亿美元的专利药到期，2019 年全球药品消费量达 1.1 万亿美元，其中仿制药至少占 60%～70% 的市场份额。各大制药公司开始转向仿制药业务。

仿制药生产一直被"只仿药，不仿工艺、流程及晶型"的难题困扰，虽然掌握了原研药的化学成分、原料药、辅料等信息，但是对于原研药通过长时间积累起来的特殊工艺、质量控制流程，以及化合物晶型、与粒度相关的溶出性等关键技术节点重视程度不够，导致仿制药与原研药治疗效果存在差异，甚至存在一定毒害性。

开展仿制药质量和疗效一致性评价（以下简称为"一致性评价"），就是要使仿制药与原研药具有相同的质量、相同的疗效。开展一致性评价，是国家药品监管部门为保证群众用药安全有效所采取的一项重大举措，有助于提升我国的仿制药质量。通过一致性评价的仿制药与原研药在临床上可以实现相互替代，不仅节约了医疗费用，还保证了公众用药安全有效。

（2）产业需求

2019 年修订的《药品注册管理办法》中明确指出"未通过质量一致性评价的，不予再注册，并注销药品批准证明文件"。因此，近些年广大生物医药企业，特别是众多的仿制药生产企业，纷纷投入巨资开展一致性评价工作。以达到让自己的仿制药产品尽快拿到"准生证"的目的。《中国药典》中将原料药粒度列为表征药品质量的一项主要技术指标，是药物申报注册及原研药与仿制药质量一致性评价过程中必需的考察项目。

目前，生物医药企业产品粉体粒径的大小范围在微纳米量级，粒度分析检测的主要手段是通过激光粒度分析仪、颗粒仪等粒度分析设备来实现。而这些设备应用的均为相对测量法，需要应用粒径及分布近似、量值准确可靠的微纳米粒度标准物质来对设备进行校准和赋值。每年需要消耗的粒度标准物质数量达数万瓶。而粒度标准物质的量值需要通过微纳米计量标准器来进行传递，标准器量值的准确可靠直接决定了后续粒度标物的质量和应用水平。

（3）应用示范内容

通过项目建立的纳米几何特征参量计量标准器，建立颗粒度标准物质定值系统，定值于颗粒度标准物质。课题组研制了宽分布粒度标准物质，并将具有量值溯源性的颗粒度标准物质示范应用于新药及仿制药的质量和疗效一致性评价过程中颗粒粒径检测的粒度分析方法学开发和方法学确认，建立原辅料及制剂放行粒度检测的可行性及可靠性评估方法。

粒度标准物质在仪器性能评价的应用——仪器示值误差见表 5-1；粒度标准物质在仪器性能评价的应用——仪器测量重复性（$n=8$）见表 5-2。

表 5-1　粒度标准物质在仪器性能评价的应用——仪器示值误差

技术指标		标样编号	$d(0.5)$		
粒径 /μm	示值误差 /%		测量值 /μm	标准值 /μm	示值误差 /%
$5 \leqslant d(0.5)<20$	±3	SB040102	14.219	13.9	2
$20 \leqslant d(0.5)<100$	±3	GBW（E）120009d	37.917	37.6	1
$d(0.5) \geqslant 100$	±3	SB040111	135.797	138.0	−2

表 5-2　粒度标准物质在仪器性能评价的应用——仪器测量重复性（n=8）

技术指标		标样编号	d(0.5)	
粒径	RSD/%		测量值 /μm	RSD/%
d(0.1)	≤ 3%	SB040102	9.019	0.1
d(0.5)	≤ 3%	SB040102	14.221	0.1
d(0.9)	≤ 3%	SB040102	21.718	0.2

注：RSD 为相对标准偏差，即标准偏差与算术平均值的比值。

为上海某公司完成瑞舒伐他汀钙仿制药质量和疗效一致性评价。瑞舒伐他汀钙是全球首个年销售额突破 100 亿美元的超级重磅品种，开启了新药研发史上的小分子药物销售神话。瑞舒伐他汀钙是降脂药的一种，是一种选择性 HMG-CoA 还原酶抑制剂，通过抑制肝脏合成胆固醇发挥作用，一般用于治疗高胆固醇血症。

瑞舒伐他汀钙片的原研厂 2017 年仍占据主要份额，达到 56.71%；目前有十多家企业争仿该品种，是 2018 年 1 月 1 日～ 2018 年 10 月 17 日在 CDE 提交受理号最多的仿制药申请之一（瑞舒伐他汀钙排名第 3）。课题组帮助企业尽快通过一致评价，尽快获取政府带量采购准入证，尽快抢占市场份额。

（4）社会经济效益

先后服务于上海、苏州、杭州等地多家企业，完成瑞舒伐他汀钙原料药、甘露醇原料药等粉末制剂的粒度分析方法学开发和验证，采用具有量值溯源性的颗粒度标准物质和粒度分析仪完成检测方法耐用性、方法精密度等技术指标评价。粉末制剂的粒度是表征药品质量的一项主要技术指标，是新药与仿制药申报过程中一致性评价的一项必备考核项目，粒度检测结果的准确可靠为药物疗效评价的科学合理性提供了基础保障。

5.1.2　粉体药物比表面积分析

（1）应用背景

国家药典委员会于 2018 年 11 月发布了"关于《中国药典》2020 年版四部通则增修订内容（第二批）的公示"，新版药典将增修订 5 项理化分析内容，包含高效液相色谱法、相对密度测定法（振荡型密度计法）、汞和砷元素形态及其价态测定法、比表面积测定法、固体密度测定法。2020 版《中国药典》已颁布实施，其中比表面积测定法方法原理及实验设备均与微纳米尺度相关。根据国际人用药品注册技术协调会（ICH）、美国食品药品监督管理局（FDA）、中国国家食品药品监督管理总局（CFDA）等药品管理部门的要求，对于一种新的检测方法，各企业在开始应用前均需开展方法学研究，即方法验证或确认，以证明自身或分包机构具备按药典要求开展检验检测的能力。

比表面积指单位质量（1g）物质中所有颗粒总外表面积的和，包括颗粒的外表面积和吸附质气体可进入的任何开孔表面积（如图 5-1 所示），单位为 m^2/g。颗粒表面较多的开

104
纳米计量基础与应用

孔会显著增加单位质量下的颗粒表面积。孔截面尺寸大于 50nm 的称为大孔，2 ～ 50nm 范围的称为中孔，小于 2nm 的称为微孔。根据不同压力点下的吸附曲线可以计算得到颗粒的孔径分布和总孔体积（通常测量结果含中孔和微孔，大孔作为无孔颗粒）。

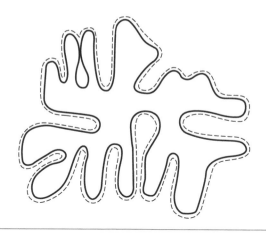

图 5-1　吸附法测量的颗粒表面积

（2）产业需求

在生物制药行业中，粉末类制剂颗粒的比表面积是一项重要的参数，药物产品的化学反应速率、制剂的溶解速率、生物利用率、药品有效期与其颗粒比表面积的大小直接相关。比表面积在药品的净化、加工、混合、制片和包装能力中扮演着重要角色。从预制剂到配方和药物输送以及过程设计和中试放大，比表面积测试一直都是不可缺少的关键环节。

（3）应用示范内容

开展多项粉体制剂项目中颗粒比表面积分析方法学开发和验证，如图 5-2 所示，先后服务于上海地区的多家企业。比表面积的测量过程分为样品预处理脱气过程和低温下的氮气吸附过程，为企业在新药及仿制药的注册评价提供了技术保障，创造了经济效益。

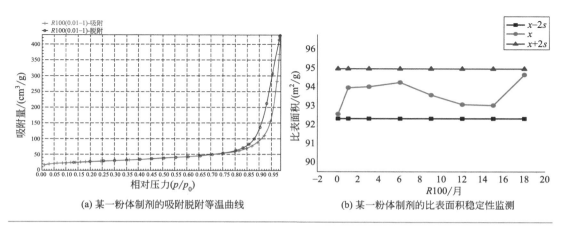

（a）某一粉体制剂的吸附脱附等温曲线　　　（b）某一粉体制剂的比表面积稳定性监测

图 5-2　颗粒比表面积分析示例

(1) 应用背景

测量已进入高精度时代。骨架密度概念提出并再次引起重视源于高新材料与高科技制造工艺的推陈出新与发展，早期的密度测量技术已无法表征并区分这些高技术产品。

骨架密度（skeleton density）定义为绝对致密状态下单位体积的固体物质的实际质量，即去除颗粒内部孔隙和颗粒间空隙后的密度，通常也称为真密度（true density），与之相对应的物理性质还有表观密度和堆积密度（含颗粒内部孔隙和颗粒间空隙）。骨架密度常用测定方法主要有浸液法和气体体积置换法。相对于浸液法，气体体积置换法以气体取代浸润液来测定样品所排出的体积，作为更高精度的骨架密度测试方法，浸液法已逐渐被气体体积置换法所替代。

在此背景下申请了国家标准《骨架密度的测量——气体体积置换法》的起草与制定，国家计划编号 20181021-T-469。该标准已于 2021 年 8 月 20 日发布，于 2022 年 3 月 1 日实施，标准号为 GB/T 40401—2021。

(2) 产业需求

在制药行业中，通常为水溶性或醇溶性的固体制剂，因此使用气体置换的方法来测量体积，以确定药物粉体颗粒的密度参数，更具有合理性；同时，更高的测量精度也更能表征其复杂结构，如致密带、包衣或未包衣片剂、腔囊结构的区别。该参数不仅表征了压片、辊压等关键工艺的性能，而且将影响诸如硬度、崩解度和溶出度等关键质量属性。

(3) 应用示范内容

气体置换密度分析仪（图 5-3）测量原理经典，但要获得高精度的测量结果，精准的仪器校准、复杂结构样品合理的预处理过程及对于制药行业中珍贵微量样品准确测量的合理解决方案等，是测量的关键。

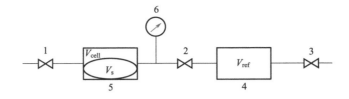

图 5-3　气体置换密度分析仪结构

1—阀门（气体进口）；2—阀门；3—阀门（气体出口）；4—参比室；5—样品室；6—原理测量传感器

① 仪器校准。仪器校准样品通常由不锈钢、钛、氮化硅等已知体积的高性能材料制成，为具有足够体积且体积量值具溯源性的校准球。通过校准操作可以得到密度分析仪样品室体积 V_{cell} 和参比室体积 V_{ref} 的精确值。表 5-3 为几种常用的仪器体积校准品及其体积校准值。

表 5-3　常用仪器体积校准品及其体积校准值

项目	铝柱	陶瓷球	钢球
质量 /g	18.7547	13.5074	27.9495
校准值 / (g/cm³)	2.700±0.01	3.224±0.01	7.900±0.02

② 取样量对测量结果的影响。选择表观结构光滑、体积 / 密度稳定易测的标准样品，观察取样体积对骨架密度测量结果的影响（表 5-4）。

表 5-4　取样体积对骨架密度测量结果的影响

被测量	1g 微量样量	1g 微量样量 + 体积为 6.3717cm³ 的钢珠
平均值 / (g/cm³)	2.6524	2.6467
RSD_{20}/%	0.4216	0.2139
示值误差 /%	−0.1738	−0.0113
校准值 / (g/cm³)	2.647±0.034	2.647±0.034

仪器样品室和膨胀室有固定尺寸，当样品几乎填满样品室时会获得最大的测量精度，取样量少容易引起较大测量误差，应始终使用样品杯能容纳的最大量的样品。对于微量且价格不菲的原料药，可在样品中加入已知体积的标准钢球一起测量，从得到的测量体积中再减去钢球体积以得到待测样品体积。

③ 样品表面吸附气体的影响（如含开孔结构的样品）。选择了两种具中孔和微孔结构的样品，分别在干燥恒重和在高温下长时间脱气处理后测量骨架密度（图 5-4 和图 5-5），样品颗粒中因其多孔结构和孔径大小的不同，表现出不同的测量误差。

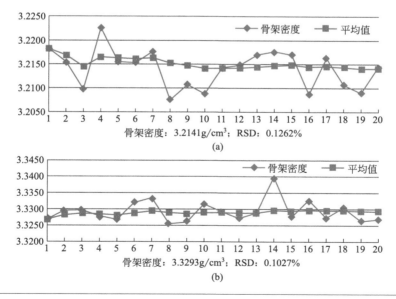

图 5-4　含中孔的硅铝粉末颗粒样品在预处理分别为干燥恒重 (a) 和
干燥恒重 + 脱气 350℃ /600min （b) 条件下骨架密度测量值

数据显示，因样品脱气处理不充分，中孔与微孔结构中已吸附的气体无法被轻易去除，对于测量精度达到万分之一的气体替换法骨架密度测量，该项测量误差不容忽视。从吸附等温线计算得到的总孔体积也反映了该项误差的存在，且误差大小与总孔体积大小密切相关。

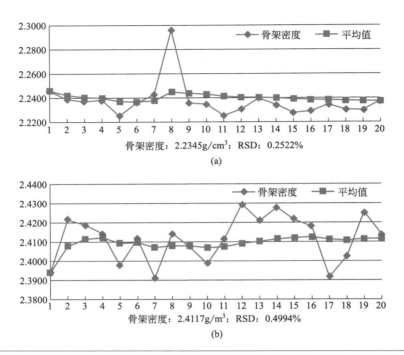

图5-5　含微孔的沸石粉末颗粒样品在预处理分别为干燥恒重（a）和
干燥恒重＋脱气350℃/600min（b）条件下骨架密度测量值

（4）社会经济效益

研究了两种参数的测量方法与误差来源，形成了 2 份针对不同药品的"比表面积检测方法的开发与确认报告"和国家标准《骨架密度的测量　气体体积置换法》，有助于生物制药企业及时有效应对 2020 年新版《中国药典》两项新增检测项目，具有示范应用价值和社会影响力。

5.2 ▶ 纳米药物研究领域

随着世界财富的增长和人口的老龄化，人们对健康的重视程度和支付能力不断提高，而现有药物还远无法满足社会的需求。现在已知的约 7000 种罕见病只有 350 种批准的治疗药物，癌症、糖尿病、阿尔茨海默病等现代大众疾病也仍然缺乏有效的治疗手段。据了解，药物消费只占整个医疗产业的十分之一左右，已经近万亿美元的世界药物市场仍有很大增长空间。

以纳米材料为载体的纳米药物正在成为制药领域新宠，影响着原有的药物研发模式。BCC 研究于 2019 年 9 月的报告中表示，预计生命科学领域纳米结构应用的销量（如纳米颗粒、纳米球、纳米胶囊和量子点）将在未来五年内持续增长，预计到 2024 年将达到 338 亿美元，未来五年的复合年增长率预计为 13.7%。

纳米药物具有颗粒小、比表面积大、表面反应活性高、活性中心多、吸附能力强等特性。利用纳米材料作为药物载体可以提高药物的吸收利用率，实现高效靶向物递送，延长药物消耗半衰期，并减少对正常组织的有害副作用。与传统药物相比，纳米药物递送系统显示出很多优势，如改善溶解度、提高生物利用度、减小毒副作用、易于透皮吸收、易于穿过血脑屏障等。纳米药物能够提高难溶性药物的有效性、安全性和耐受性，在药物递送系统中起着非常重要和独特的作用。纳米药物具有优越的市场前景和巨大的发展潜力，激起了科研机构和制药企业的研发热情。

20 世纪 60 年代，科学家首次提出脂质体的概念，经过 30 年研究，第一个纳米药物阿霉素脂质体 Doxil 于 1995 年由美国 FDA 批准上市。近 20 年来，纳米药物学迅速发展，每年都有大量的纳米药物相关文献和专利被发表，纳米制剂新药申请也逐年增多。时至今日，人们已经开发了大约 50 种基于纳米颗粒的药物，部分已上市的见表 5-5。

表 5-5 已上市及临床转化中的纳米药物

商品名称	活性成分	用途	上市时间
Doxil	阿霉素脂质体	卵巢癌、艾滋病相关的卡波西肉瘤、多发性骨髓瘤	1995 年
Caelyx	盐酸多柔比星	艾滋病相关的卡波西肉瘤	1996 年
DaunoXome	枸橼酸柔红霉素	白血病	1996 年
AmBisome	两性霉素 B	抗真菌	1997 年
Verelan PM	戊脉安	抗心律失常	1998 年
DepoCyt	阿糖胞苷	脑膜炎淋巴瘤	1999 年
Visudyne	维替泊芬	年龄相关性黄斑变性	2000 年
Myocet	多柔比星	转移性乳腺癌	2000 年
Rapamune	西罗莫司	免疫抑制	2000 年
Definity	Perflutren	超声波造影剂	2001 年
Focalin XR	盐酸右哌甲酯	儿童多动症	2001 年
Avinza	硫酸吗啡碱	抗慢性疼痛	2002 年
Ritalin LA	盐酸哌甲酯	儿童多动症	2002 年
Zanaflex	盐酸替扎尼定	肌肉松弛剂	2002 年
Aprepitant	阿瑞吡坦	止吐药	2003 年
Tricor	非诺贝特	高胆固醇血症	2004 年
DepoDur	硫酸吗啡	术后疼痛	2004 年
Megace ES	甲地孕酮	抗厌食、恶质症	2005 年
Triglide	非诺贝特	高胆固醇血症	2005 年

商品名称	活性成分	用途	上市时间
Invega Sustenna	帕潘立酮棕榈酯	抗抑郁药	2009 年
Exparel	布比卡因	术后疼痛	2011 年
Marqibo	硫酸长春新碱	急性淋巴细胞白血病	2012 年
Invega Trinza	棕榈酸帕利哌酮	抗抑郁药	2015 年
Aristada	月桂酰阿立派唑	精神分裂症	2015 年
Onivyde	盐酸伊立替康	胰腺癌	2015 年
Vyxeos	道诺霉素、阿糖胞苷	成人急性髓系白血病或合并骨髓异常增生	2017 年
Arikayce Kit	硫酸阿米卡星	禽分枝杆菌（MAC）肺病	2018 年
Panzem	甲氧基雌二醇	抗肿瘤	临床
Semapimod	丙咪腙	抗炎、克罗恩病	临床
Paxceed	紫杉醇	抗肿瘤	临床
Genexol-PM	紫杉醇	转移性乳腺癌	临床
Paclical	紫杉醇	卵巢癌	临床

目前，纳米药物的研究主要包括聚合物纳米粒子、胶束、脂质体、树枝状大分子、金属纳米粒子、固体脂质纳米粒子等。研究的纳米药物主要应用领域有：肿瘤治疗、炎症 / 免疫 / 疼痛疾病和感染、心血管疾病、内分泌紊乱、精神障碍、体内成像等。

5.2.1　智能前药纳米粒微观形态

（1）应用背景

纳米医学是纳米技术与医学相结合的新兴交叉学科，已经成为现代医疗的一个重要发展方向。纳米医学可以称为"微观奇迹"。纳米医学有巨大的应用前景，例如，纳米药物已得到广泛应用。纳米药物主要应用于靶向和定位释药，纳米粒在体内有长循环、隐形和立体稳定等特点，这些特点均有利于药物的靶向，是抗肿瘤药物、抗寄生虫药物的良好载体。在健康中国的发展背景下，纳米医学作为前沿学科有助于加快建设智慧医疗，必将对全国的生物医药技术创新起到重要的促进作用。

（2）产业需求

纳米微粒的大小影响药物的生物利用率，纳米药物的粒径要求在一定范围内。纳米药物需要减小粒径、控制粒径分布等以提高药物溶解性，使药物易于吸收，提高疗效。

（3）应用示范内容

上海某研究所药物制剂中心创新性设计构建了一种智能前药纳米粒，实现二元协同、双管齐下高效免疫治疗肿瘤。纳米粒可以把化疗药物的前药分子和 IDO-1 酶抑制剂 NLG919 的二聚体高效共递送到肿瘤组织，然后在肿瘤细胞还原环境中，前药分子被还原激活释放活性和 NLG919 单体。药物可刺激肿瘤细胞发生免疫性细胞死亡，提高肿瘤组织免疫原性，诱导机体对肿瘤细胞的特异性免疫反应，增加肿瘤组织内细胞毒性 T 淋巴细胞（CTL）的浸润，促使"冷瘤"转变为"热瘤"。NLG919 可有效抑制 IDO-1 酶活性，缓解 IDO-1 酶对 CTL 的抑制作用，克服肿瘤抑制微环境。

在纳米粒的合成过程中，合成的纳米粒形态大小是否合适，药物能否成功负载，在肿瘤细胞的环境中药物能否成功释放等都是非常重要的研究内容。使用透射电子显微镜，对这几方面的研究有很大帮助。

药物制剂其粒径大小及分布的控制会影响药物的吸收和疗效。一般来讲，当颗粒小于某一尺度时，较小颗粒的溶解度大于较大颗粒的溶解度，因此，控制药物颗粒的大小就可以控制颗粒的溶解速率。通过静脉注射方式给药的药剂，如果粒径过大，可能会发生血管堵塞、血管肉芽肿、静脉炎及血栓等不良反应，威胁人体健康。各国药典都对注射药剂粒径有严格要求。因此，药剂粒径的大小需要较为精确的数值。由于电子枪高压不稳定或漂移、像散、残余磁滞等，会使透射电子显微镜的放大倍率发生偏移，图像产生畸变，可能会使测量结果产生较大误差。因此，需要对电子显微镜进行校准，保证测量结果的准确可靠。通过校准过的透射电子显微镜，可以直接看到纳米颗粒的形态，测量出颗粒的大小及分布情况（图 5-6），可以及时调整合成方法，制备出满足需求的纳米粒。

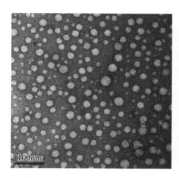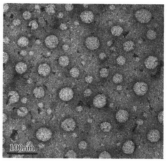

图 5-6 纳米粒的形貌图

通过透射电子显微镜观察负载了药物的纳米粒，可以看到其形貌与负载前有所不同（图 5-7），同时，校准后的透射电镜能测量出几纳米厚的外层厚度，可以作为药物负载量的一个参考。

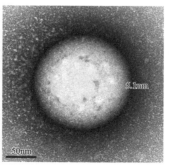

图 5-7 纳米粒载药前后形貌图

在还原环境中，如果纳米粒能够降解，就可以释放出其所负载的药物和制剂。通过透射电镜，能够观察到纳米粒的形态被破坏的情况（图 5-8）。

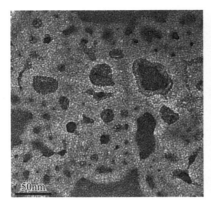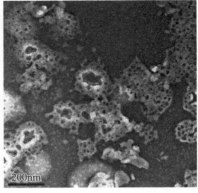

图 5-8　纳米粒降解后的形貌图

（4）社会经济效益

纳米粒在 4T1 乳腺癌和 CT26 结肠癌的小鼠模型中均表现出良好的抗肿瘤转移和复发效果，该工作对发展安全高效的肿瘤免疫治疗具有重要参考价值。上述研究成果的文章 *Binary Cooperative Prodrug Nanoparticles Improve Immunotherapy by Synergistically Modulating Immune Tumor Microenvironment* 于国际权威期刊 *Advanced Materials*（IF=21.95）发表。该研究工作获得国家自然科学优秀青年基金（31622025）、创新研究群体科学基金（81521005）等的支持。

5.2.2　碳量子点负载

（1）应用背景

碳量子点是一种以碳元素为主要成分的新型荧光碳纳米材料，具备纳米材料所共有的表面和界面效应，因而表面非常活跃，易于功能化修饰；纳米材料具有小尺寸效应和量子尺寸效应，使得碳量子点具有优异的荧光性能，荧光量子产率高，稳定性强，光谱可控；另外，碳量子点的水溶性优良，碳元素的构成保证了碳量子点的低细胞毒性和良好的生物相容性，极小的粒径和分子量也有利于其在生物体内的应用。这些突出的性能使得碳量子点在肿瘤体外检测、体内成像、肿瘤靶向载体与治疗等领域中都有重要的应用价值。仅从肿瘤治疗方面而言，碳量子点在许多传统和新兴的肿瘤治疗方法中都有很多深层次的应用。纳米药物载体技术是大部分学者利用碳量子点来改善化学治疗过程最常用的手段。它是将纳米材料作为基本单元，通过物理和化学等手段将药物连接、吸附或者包裹在纳米材料上，利用载体的特殊性能来实现更好的抑癌效果。而碳量子点诸多的优良性能也使其在化学治疗过程中有非常多的应用，包括改善药物的水溶性，以提升治疗效果；提高药物对病灶处的靶向性，降低对正常细胞的危害；延长药物在人体内的滞留时间；实现药物智能高效释放等。这些复合载药体系具有特异性、靶向性、定量准确、易吸收等特点，可以有效提高治疗效果。此外，碳量子点的光热转化特性、光致发光特性也使得其在光热治疗和光动力治疗等新兴治疗方法中有所应用。光热治疗提高了热疗过程中的安全性和高效性；碳量子点在光动力治疗应用中，可以显著改善光敏剂水溶性差、荧光量子产率低、光源穿透深度不够、癌变组织氧气供应不足等应用难题，为深层肿瘤治疗提供了研究思路。多种方式的协同治疗也可以将治疗效果提升至最大化。

（2）产业需求

由于肾脏只能去除小于 5nm 的碳量子点，因此，将碳量子点应用于药物化学合成、生物医学成像、靶向治疗时，应充分考虑到体内应用的生物安全性，对制备的碳量子点经过严格的表征筛查。用透射电子显微镜才能够对碳量子点进行直观的形貌观察，以获得其形状、粒径大小及分散性等信息。碳量子点粒径小，对观察所使用的电镜的精密度要求很高，以确保其粒径量值准确。

（3）应用示范内容

某大学药学院药剂教研室制备了将包裹的碳量子点负载在介孔纳米硅球上的纳米药物（CD@MSN），并构建了其在体内的协同免疫治疗过程。把碳量子点负载在生物可降解的介孔二氧化硅载体上，使整个纳米颗粒粒径控制在 100nm 左右。由于高通透性和滞留效应（EPR），颗粒能够靶向进入原发肿瘤组织中。在近红外光照射下，利用碳量子点的光热转换性能，可以实现光热治疗来杀死肿瘤细胞。光热治疗是通过升高温度来杀死肿瘤细胞。光热治疗虽然可以实现局部加热，但温度不宜过高，否则会对正常细胞或者组织造成损伤。而靶向纳米药物参与下的光热治疗明显改变了这个缺点，碳量子点可以特异性积累到肿瘤部位，在近红外照射下也不会产生过高的温度，在杀死肿瘤细胞的同时，提高了治疗过程的安全性和有效性。此外，介孔二氧化硅生物降解后，纳米药物分解成各种碎片。纳米碎片可以从光热致死的肿瘤细胞处获得肿瘤相关性抗原，进入血管中使自然杀伤细胞和巨噬细胞增殖、激活，从而实现抑制肿瘤扩散的目的。

在光热治疗过程中，碳量子点发挥能量转化的作用，因而对碳量子点的要求比较苛刻。需要粒径小于 5nm 且具有石墨烯的晶体类型，这对表征有很高的要求。因为碳量子点粒径很小，传统的 XRD 等测量晶体结构的方法都无法满足，只能通过透射电子显微镜的高分辨图像来量取样品的晶面间距，确定其晶体类型。不同晶体的晶面间距可能只有零点零几纳米的差距，因此，需要透射电镜的测量数据是非常精准的。课题组通过纳米几何特征参量计量标准器对透射电镜进行量值溯源，校准其放大倍数，确保量值准确可靠。通过校准的透射电子显微镜，可以直接看到碳量子点（图 5-9），量出晶面间距，确定其晶体结构，同时统计粒径分布，改进量子点的合成方法。

通过透射电镜，能非常直观地看到碳量子点在二氧化硅上的负载情况（图 5-10），便于根据需求调整负载量。

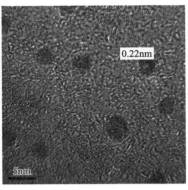

图 5-9 碳量子点的形貌图

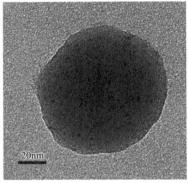

图 5-10 二氧化硅及其负载碳量子点前后形貌图

（4）社会经济效益

该工作对研究可降解生物纳米粒的肿瘤治疗具有重要参考价值，上述研究成果的文章于国际权威期刊 *Nano Letters* 发表。

5.2.3 DNA 折纸术表征

（1）应用背景

DNA 以其独特的纳米尺度、分子线性结构、物理化学稳定性、力学刚性、自我识别能力以及自组装等优势，正逐步被应用于分子生物学和电子学领域。以 DNA 为模板，构筑纳米材料及分子器件，正成为一个新的研究热点。DNA 折纸术（DNA origami technique）是近年来提出的一种全新的 DNA 自组装的方法，通过将一条长的 DNA 单链（通常为基因组 DNA）与一系列经过设计的短 DNA 片段进行碱基互补，能够可控地构造出高度复杂的纳米图案或结构（见图 5-11 和图 5-12），在新兴的纳米领域中具有广泛的潜在应用。

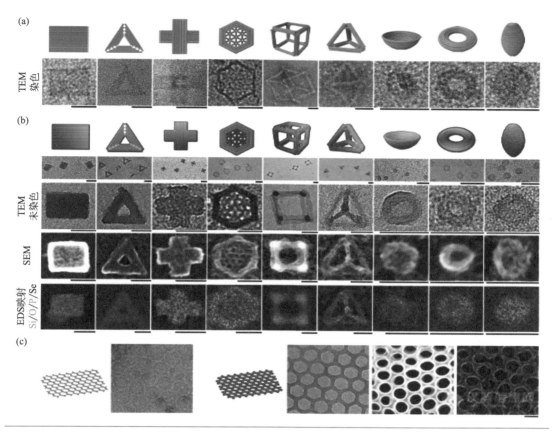

图 5-11　DNA 折纸术构造的各种图形

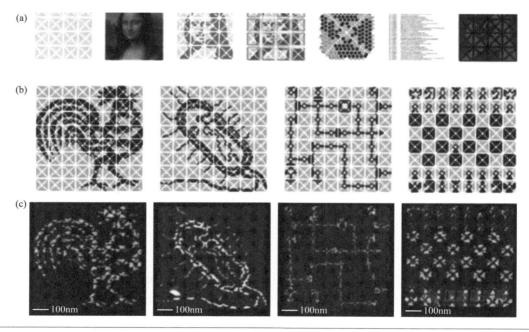

图 5-12　2017 年 DNA 产生的二维折纸

DNA 具有易被化学修饰的特点，被修饰后的 DNA 分子可与纳米金、量子点等生物分子"共价"螯合，因此，根据 DNA 折纸术的可寻址性，可实现纳米金、量子点的纳米颗粒的有序排列。DNA 折纸术可用于组装蛋白质分子，从而利用 DNA 的特异性实现药物的靶向运输。DNA 纳米结构尤其是 DNA 折纸可作为纳米尺度的"液晶显示屏"成为信号输出设备，在 AFM 的成像帮助下，实现基因缺损与异常等疾病的高灵敏检测和诊断。在 DNA 折纸结构上修饰几个特定的化学基团，然后加入化合物参与反应，结合原子力显微镜，可在分子水平上研究物质的反应机理。另外，利用 DNA 折纸术还可以设计生物芯片，为在纳米尺寸上组装电子和光学器件提供了有效途径，为多功能材料的构建奠定了坚实的基础。

（2）产业需求

DNA 折纸术构建的纳米结构主要靠透射电子显微镜和原子力显微镜对其进行表征，需要清晰的图像，不能产生畸变，以确保其量值的准确可靠。纳米结构的尺寸、拐点形状、孔隙、负载颗粒、周期性等都需要精确的数值，如果偏差太大，将对最初的实验设计认识出现偏差，影响研究的后续进程。

（3）应用示范内容

课题组通过纳米几何特征参量计量标准器，确保透射电子显微镜等设备测量尺寸的准确可靠可溯源，为纳米结构的分析提供更准确的数据。上海某大学医学院附属仁济医院创造性地把 DNA 折纸术和传统的 DNA 自组装方法结合起来，构建了金字塔形状的纳米针尖。该方法先用 DNA 折纸术生长出一个三维的长方体底座，提纯后在底座上用 DNA 短链生长出四面体形状的针尖，如图 5-13 所示。用这种生长方法，可以利用 DNA 折纸术的可控性，长出所需要的形状，针尖部分用自组装法生长，只需要用到短链 DNA，大大节省了成本。

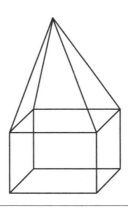

图 5-13　针尖结构示意图

课题组用透射电镜为医院表征其制备的底座和针尖，通过底座的透射电镜数据，调整其制备过程中的温度、缓冲液中 Mg 离子浓度、碱基配比等参数，以获得底座的最佳生长条件。通过电镜照片，测量出精确到 1nm 的底座数据，以此为依据设计针尖的生长，获得纳米针尖。

（4）社会经济效益

由 DNA 长成的柔软针尖，可以用作原子力显微镜的针尖。区别于传统针尖，DNA 合成的针尖更柔软，可以避免其对样品的损伤，用来表征蛋白、细胞等生物样品。由于 DNA 具有易被化学修饰的特点，可以在针尖头上修饰蛋白等靶向单元，用于特异性识别。该工作对 DNA 折纸术在生物表征方面的应用具有重要参考价值。

5.2.4　DNA 修饰金电极表征

（1）应用背景

DNA 作为一种十分重要的生物大分子，是遗传信息的载体，基因表达的物质基础。研究 DNA 的结构和功能，可以从分子水平上了解生命现象的本质，但这需要多学科的参与以及发展一些新的理论和研究手段。

DNA 生物传感器是当前发展最迅速的基因检测方法之一，其应用范围广泛，包括传染病快速检验、疾病基因诊断、环境检测、食品安全、法医鉴定等。用于 DNA 生物传感器的检测技术包括荧光技术、石英晶体微天平、电化学发光、表面等离子共振光谱和电化学方法等。在这些方法中，电化学方法因其操作简便、特异性好、灵敏度高、检测费用低、易于微型化、可再生，并且不受样品中脂血、溶血情况干扰等优点而引起了人们的广泛关注。

电化学 DNA 生物传感器（图 5-14）是以 DNA 为敏感元件或检测对象，将核酸分子特异性识别过程中产生的信号通过换能器转化为电信号，从而实现对核酸的定性或定量检测。首先将 DNA 探针固定到电极表面，由于探针与溶液中目的 DNA 之间的高度序列特异性，使得检测电极具有极强的分子识别能力。在适当的温度、pH 值和离子强度条件下，已知序列的 DNA 探针与溶液中的目的 DNA 序列发生杂交，从而导致电极表面结构的变化，变化的情况可通过电化学杂交指示剂所引起电信号（如电压、电流或电导）的变化体现出来，可用循环伏安法、溶出伏安法、差分脉冲伏安法、交流阻抗等方法对电信号进行检测，进而对目的基因进行定性或定量分析。

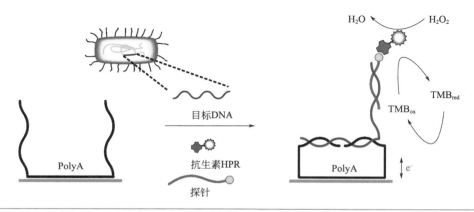

图 5-14　电化学 DNA 生物传感器的示意图

(2) 产业需求

与酶生物传感器和免疫传感器相比，DNA 生物传感器市场和研究开发仍然很少。不同于酶或抗体，DNA 生物传感器特异性强，DNA 分子双链之间具备非常高的特异性识别能力；剖析速度快，能够在 1min 得到结果；准确度高，误差极小；操作系统比较扼要，简单实现自动剖析；成本低，在延续使用时，测定价格低廉。特别是它具备高度自动化、微型化与集成化的特点。但是前期对研发性实验室需求高。

DNA 修饰电极是 20 世纪 80 年代出现的一类生物修饰电极，它在基因传感器、分子识别、基因检测和研究小分子与 DNA 相互作用等方面有着重要的应用前景。纳米金由于制备过程简单，粒径可控，具有很好的生物相容性、高的比表面积和高的表面能，容易与DNA 结合而被引入电化学检测领域。核酸功能化的金纳米颗粒也逐渐成了一种新颖的电化学信号放大装置，同时传感器是纳米微粒最有前途的应用领域之一。

(3) 应用示范内容

上海市计量测试技术研究院生物计量科技创新团队，通过三嵌段式自组装 DNA 修饰金电极，利用巯基化合物在金电极表面上自组装形成高度有序的单分子膜后再进一步固定 DNA。在前期实验中，无法确定 DNA 是否成功连接金电极。课题组通过 X 射线光电子能谱仪（XPS）对 DNA 修饰金电极进行表征，结果表明 Au—S 键已经形成，说明 DNA 成功连接上了金电极。

金电极和金电极 -DNA 的 Au 4f 对比图如图 5-15 所示；金电极和金电极 -DNA 的 XPS 宽谱如图 5-16 和图 5-17 所示。

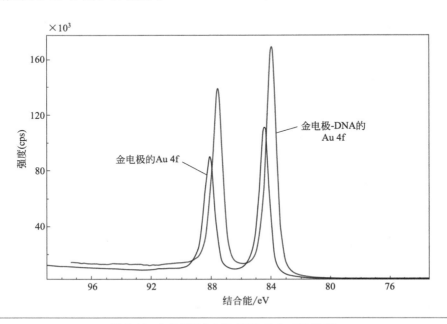

图 5-15 金电极和金电极 -DNA 的 Au 4f 对比图

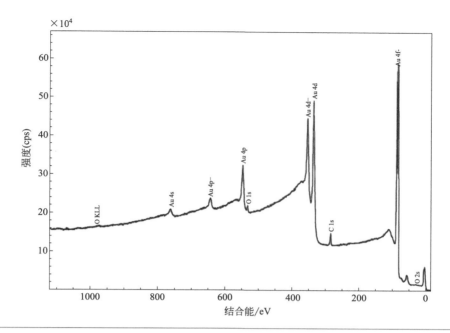

图 5-16 金电极的 XPS 宽谱

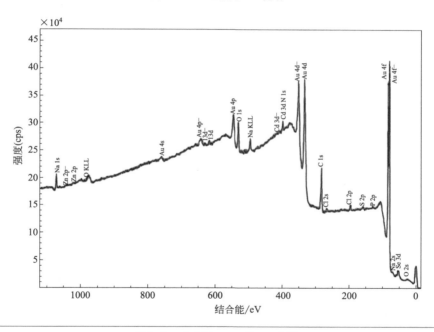

图 5-17 金电极 -DNA 的 XPS 宽谱

（4）社会经济效益

上海市计量测试技术研究院生物计量科技创新团队的科研工作，获得了国家质量局项目（项目编号 2018YFF0212800）、国家自然科学基金（项目编号 21775104，11705270）、全国转基因生物发展特别项目（项目编号 2018ZX08011-04B）、上海市青年科技英才扬帆计划（项目编号 17yf1423600）等资助。

5.3 ▶ 医疗器械领域

(1) 应用背景

医疗健康是影响国计民生的重大行业，是国家一直以来不遗余力、持之以恒不断进行探索和完善的行业。医疗器械的安全性关乎医疗质量。众多医疗器械需要临时或长期植入人体，医疗器械的安全性是不能忽视的，这对病患的身体康复和治疗效果起到举足轻重的作用，更可能长期给使用者带来影响。医疗器械的安全性、可靠性直接关系到患者的生命安全。众多医疗事故的频发也与医疗器械的质量和品质不佳有关。国务院颁布的《医疗器械监督管理条例》总则中明确提出，对植入人体，用于支持、维持生命，对人体具有潜在危险的医疗器械必须严格控制其安全性、有效性；目前，欧洲、美国、日本等发达国家和地区医疗器械产业无论质量标准还是发展水平都远在中国器械之上；而医疗器械由于其行业特殊性，对产品质量要求亦十分严格，因此长时间以来，中国的高端器械市场由外资企业的进口产品主导。如何做好医疗器械的质量把控，为患者提供高质量、高性价比的产品，提高患者康复后的幸福指数，减少医患纠纷的发生，是迫切需要解决的社会民生问题。

(2) 产业需求

为了提高国内医疗服务水平，打破医疗数据"信息孤岛"，加强医疗器械全生命周期的监控和管理，国家药监局发布《医疗器械唯一标识系统规则》。医疗器械唯一标识（UDI）是对医疗器械在其整个生命周期赋予的身份标识，是其在产品供应链中的唯一"身份证"，可实现医疗器械生产、销售、使用各环节的有效监控。骨科（如关节重建、创伤、脊柱、颌面以及动力工具）由于部分医疗器械需要临时或长期植入人体，主要在器械表面负载数字、字母或符号组成的代码，为减少对人体健康的影响，避免对关节等人体组织的磨损，企业常用粗糙度轮廓仪、光学轮廓仪等测量设备对唯一标识代码的微纳米级高度进行严格把控，对这些测量设备的精准计量相当重要，微纳级尺寸的差别，将对人体关节等造成无法挽回的损伤。

医疗器械制造领域的应用示范见图 5-18。

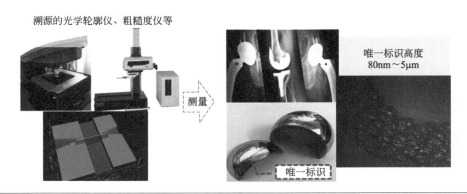

图 5-18 医疗器械制造领域的应用示范图

（3）应用示范内容

目前苏州市计量测试院已对强生、史赛克等多家医疗器械制造企业开展示范应用（图 5-19），通过微纳级多刻线样板、标准深度沟槽等标准器对产业中常用的粗糙度轮廓仪、白光干涉仪进行了精确的校准，确保其测量尺寸的准确可靠、国内等效互认，实现 80nm ～ 5μm 高度的准确测量，确保标识代码的高度符合相应规则，避免对人体的不必要损伤。提供精准计量，对医疗器械唯一标识测量数据的真实性、准确性负责。

图 5-19　对粗糙度轮廓仪等设备的现场校准图片

（4）社会经济效益

通过对医疗器械唯一标识的精准计量，加强了医疗器械全生命周期管理，提高医疗器械识别的准确性和一致性，夯实健康医疗大数据发展基础，推进健康医疗大数据应用发展，有力保障公众用器械的安全有效，协助国内医疗器械产品从中低端市场向高端市场进口替代。

5.3.2　医疗器械产品几何结构参数的精密测量

（1）应用背景

心血管疾病是世界第一大死亡因素。随着生活方式向快节奏方式转变以及生活压力的增加，心血管疾病的发病率不断上升，严重威胁国人健康。我国目前需要接受外科手术的患者高达 1500 万人，传统心脏手术需要纵劈胸骨，创伤大，加之应用体外循环，重要脏器严重并发症发生率高达 24%。解决这个问题的重要途径就是心脏手术微创化。微创治疗，是近年来医学领域发展起来的一种新治疗手段，代表着医学的新方向。与传统手术相比，微创血管介入手术、微创治疗因其创伤小、瘢痕细、手术中出血少、安全性高、患者痛苦轻、术后恢复快、并发症少等特点，成为医学界公认的治疗心血管病的重要手段。血管支架是一种置于人体血管（自体的或移植的）内的永久性植入物，具有疏通动脉血管的作用，是微创血管介入手术最重要的医疗器械之一。

（2）产业需求

血管支架是最重要的心血管医疗器械之一，血管支架结构失效可能会引起支架断裂、支架移位、血管损伤等危害，血管支架及整个系统的表面形貌、尺寸属性是衡量支架性能的重要指标，是帮助临床医生为个体患者选择支架的关键参数。

心血管支架产品评价标准体系中，产品尺寸标准是基础标准。标准《心血管植入物 血管内器械 第2部分：血管支架》（YY/T 0663.2—2016）、《血管支架尺寸特性的表征》（YY/T 0693—2008）中对血管支架及整个系统的释放直径、支架长度、最大截面尺寸、支撑单元和桥筋厚度、输送系统尺寸等指标有详尽的技术要求。为了保证用于指定血管直径时的兼容性，血管支架尺寸必须与支架设计保持一致。对血管支架的外观形貌进行观测，外观形貌必须保持足够的完整性。支架组件的尺寸也必须验证，需与设计规范一致，还需评价支架系统的尺寸与推荐附件尺寸的兼容性，考虑到造影剂在已包含有支架系统的导引导管管腔内流动的需要，所有组件在尺寸上都应是兼容的。

（3）应用示范内容

基于纳米几何特征参量计量标准器，对医疗器械企业及科研院所进行扫描电镜等尺寸测量设备的量值溯源，并根据标准《微米级长度的扫描电镜测量方法通则》（GB/T 16594—2008）及《纳米级长度的扫描电镜测量方法通则》（GB/T 20307—2006），将纳米几何特征参量计量标准器示范应用于支架试样外观形貌及尺寸属性的量值溯源评价过程，建立支架试样尺寸检测的可靠性评估方法，支撑靶向药物洗脱支架的研发。

上海某医疗器械公司是一家领先的创新型高端医疗器械集团，其心血管介入产品某靶向洗脱支架系统是新一代用于冠状动脉狭窄或阻塞等病变治疗的产品。靶向药物洗脱支架具有微槽包裹药物、生物可降解聚合物的设计，其微槽的尺寸、支架涂层的完整性直接影响载药性能。使用纳米几何特征参量计量标准器对支架微槽尺寸、外观尺寸进行量值溯源，根据设计要求评价微槽尺寸及外观尺寸，优化血管支架、支撑筋、连接筋的宽度、厚度、截面形状、网状结构等几何结构参数；使用标准器校准的扫描电镜对涂层涂覆情况进行观测，对于涂层表面的明显缺陷，分析缺陷产生的原因，改进制备工艺，从而提升血管支架系统的整体性能提供了有力的技术支撑。

（4）社会经济效益

上海某医疗器械公司的冠脉西罗莫司靶向洗脱支架系统，证明了患者植入后，受到治疗的血管区域能够在早期快速愈合，其创新性的微槽包裹药物、生物可降解聚合物的设计，以及较低的载药量（仅需同类产品三分之一的载药量即可实现同等疗效），安全性大幅增加，可有效减少晚期血栓事件的发生，达到了世界顶尖水平。本研究完成了上海某医疗器械公司扫描电镜等尺寸测量设备的计量校准，从而避免该公司生产的血管支架等医疗器械微观形貌观测的图像失真，并通过纳米几何特征参量计量标准器的量值溯源，对支架器材的尺寸进行有效的测量，对医疗器材的研发、生产工艺的改进、医疗器械注册申报提供了有力的支撑。

（1）应用背景

医用塑料是我国生物医药产业中不可或缺的重要一员，大到 CT 机、床边血氧仪、呼吸机等设备，小到试剂盒、一次性输液器等，都需要医用塑料。医疗器械的安全性关乎医疗质量。

（2）产业需求

由于要与药液或人体接触，医用塑料的基本要求是具有化学稳定性和生物安全性。简单来说，塑料材料中的组成成分不能析出进入药液或人体，不会引起组织器官的毒性和损伤，对人体无毒无害。美国的医用塑料要通过 FDA 认证和 USP Class Ⅵ 生物检测，我国医疗级的塑料要经过相关检测中心的检测。用户通常根据器械制品的结构和强度要求，来选择合适的塑料类型和恰当的牌号，并确定材料的加工工艺。这些性能包括加工性能、力学强度、使用成本、装配方式、可灭菌性以及尺寸要求等。如何做好医疗器械的质量把控，为患者提供高质量、高性价比的产品，减少医患纠纷的发生，是迫切需要解决的问题。根据《注射器、注射针及其他医疗器械 6%（鲁尔）圆锥接头　第 1 部分：通用要求》（GB/T 1962.1—2015），需对用于检测注射器的鲁尔量规进行精密的尺寸测量。

（3）应用示范内容

传统的检测方式只能检测鲁尔量规外尺寸，对内尺寸及内锥度无能为力，本示范应用创新性地通过已校准标准球板对 X 射线三维尺寸测量机（工业 CT）进行长度测量校准（图5-20），经校准的工业 CT 及计算机辅助成像系统对医用鲁尔量规进行无损检测，非接触式的检测手段保障了量规性能的完好，同时实现了精度保障以及量值溯源。

图 5-20　X 射线三维尺寸测量机及用标准球板校准

X 射线三维尺寸测量机的有效测量填补了鲁尔量规内尺寸检测的空白，为医疗器械检测领域无损检测添砖加瓦。目前已在南京多家生物医药企业开展示范应用，提供精准计量，为医用鲁尔量规测量数据的真实性、准确性负责。

鲁尔量规实物图与尺寸要求见图 5-21 和表 5-6。

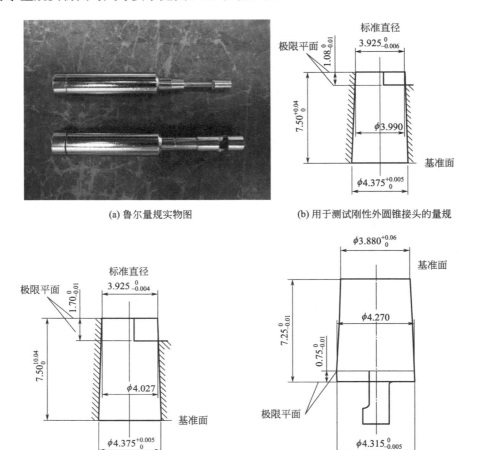

(a) 鲁尔量规实物图   (b) 用于测试刚性外圆锥接头的量规

(c) 用于测试半刚性外圆锥接头的量规   (d) 用于测试所有材料的内圆锥接头的量规

图 5-21 鲁尔量规实物图与尺寸要求

表 5-6 鲁尔量规尺寸要求

标记		标记说明	尺寸 /mm	
			刚性材料	半刚性材料
基本尺寸	d_{min}	外圆锥接头末端的最小直径（标准直径）	3.925	3.925
	d_{max}	外圆锥接头末端的最大直径	3.990	4.027
	D_{min}	内圆锥接头开口的最小直径	4.270	4.270
	D_{max}	内圆锥接头开口的最大直径	4.315	4.315
	E	外圆锥接头的最小长度	7.500	7.500
	F	外圆锥接头的最小深度	7.500	7.500

标记		标记说明	尺寸 /mm	
			刚性材料	半刚性材料
其他尺寸	$L^{①}$	啮合的最小长度	4.665	4.050
	$M^{①}$	内圆锥接头啮合长度的公差	0.750	0.750
	$N^{①}$	外圆锥接头啮合长度的公差	1.083	1.700
	$R^{②}_{max}$	曲率半径	0.500	0.500

① 尺寸 L、M、N 是从基本尺寸推导出来的。
② 或无锋棱的倒角。

本次试验采用工业 CT 对鲁尔量规进行扫描检测。现场环境温度为 20℃ ±0.5℃，工业 CT 扫描参数设置见表 5-7。

表 5-7　工业 CT 扫描参数设置

电压 V/kV	电流 I/μA	间隔时间 /ms	预滤器	投影数
200	367	1000	Cu/2mm	1050
200	587	1000	Cu/2mm	1050

完成工业 CT 扫描重构后，使用 Calypso 软件对数据进行分析。根据《注射器、注射针及其他医疗器械 6%（鲁尔）圆锥接头　第 1 部分：通用要求》（GB/T 1962.1—2015），找准鲁尔量规的基面，建立空间坐标系，图 5-22 为鲁尔量规三维重构坐标图。

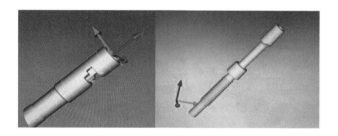

图 5-22　鲁尔量规三维重构坐标图

通过工业 CT 可获取高质量的三维图像，无须对样品进行破坏，导入扫描数据后利用 Calypso 进行编程重构三维图，再通过测量策略得到准确尺寸（表 5-8、表 5-9）。

表 5-8　测试所有材料的内圆锥接头的量规　　　　　　　单位：mm（锥度除外）

测量对象	直径 ϕ_1	直径 ϕ_2	高度 h_1	高度 h_2	锥度
标称值	3.880	4.315	7.25	0.75	0.06：1
测得值	3.8874	4.3163	7.2435	0.7440	0.06：1

表 5-9　用于测试半刚性（刚性）外圆锥接头的量规　　单位：mm（锥度除外）

测量对象	直径 ϕ_3	直径 ϕ_4	高度 h_3	台阶高 h_4	锥度
标称值	3.990	4.375	7.50	1.70	0.06：1
测得值	3.9939	4.3776	7.5036	1.6920	0.06：1

（4）社会经济效益

通过已校准球板标准器对工业 CT 进行量值溯源，创造性地通过工业 CT 对医用鲁尔量规无损检测，突破常规手段无法检测鲁尔量规内尺寸的局限。通过对鲁尔量规尺寸的无损检测，有效保障了量规尺寸的精度及溯源性，提高了医疗注射器的合格判定，有力保障了公众医用器械的安全有效。

5.3.4　激光共聚焦显微镜的量值溯源

（1）应用背景

随着健康中国战略和"健康中国 2030"规划纲要的落实，大健康产业未来将引领我国新一轮经济发展浪潮，医疗器械在其中将发挥巨大的作用；未来，医疗大健康产业将面临前所未有的机遇和挑战，以"大健康、大卫生、大医学"为基础的医疗健康产业有望成为国民经济发展中增长最快的产业，成为我国经济发展的支柱和新动力。

（2）产业需求

《中国人工关节市场现状及投资预测研究报告（2017 版）》显示：随着人口老龄化加剧，人们对健康生活的意识改变，医疗技术的普及与发展以及精密加工技术的飞跃，全球骨科发展动力十足，目前全球每年接受人工关节手术的患者超过 80 万人，而且有逐年增多的趋势。

人工关节假体不良事件时有发生，主要包括强度不够造成的断裂，及配合面磨损造成的骨溶解进而使得植入关节支撑面塌陷，造成植入关节失效。其中，后者在临床中危害最大，不仅难以修复，而且对人体伤害大，严重甚至会造成截肢。配合面磨损产生的微粒是造成骨溶解的最大因素，这是世界性的难题。目前能够想到的解决办法一是寻找超润滑的关节配对材料，但新材料的发现很难在短时间内突破；二是尽量保证现有材料配对面之间的光滑，减少磨粒产生。现有关节标准《关节置换植入物　髋关节假体》（YY 0118—2016）中对人工关节的关节面均有严格要求，全髋关节假体（图 5-23）的塑料髋臼部件的球形关节面，其表面粗糙度 R_a 值不大于 2μm；髋关节假体重与塑料髋臼部件相配合的金属球面关节，其表面粗糙度不大于 0.05μm。全髋关节假体重与塑料髋臼部件相配合的金属和陶瓷股骨部件的球形关节面，其球形直径应等于标称值，公差为 −0.2mm，其球形球度径向偏差不超过 10μm。这对常用的测量设备的精度提出了更高的要求，其精准计量尤为重要。现有粗糙度仪很难达到 0.05μm 的精度要求，且因为关节面均为大曲度，接触式粗糙度仪很难测量，因此，非接触粗糙度测量成为主要考虑的测量方式。

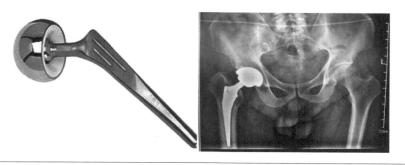

图 5-23 全髋关节假体

激光共聚焦显微镜是近代最先进的生物医学分析仪器之一，可用于观察髋关节假体表面微纳米程度的三维形态和形貌，测量多种微小结构的尺寸，诸如粗糙度、深度、长宽等形态学数据。江苏省医疗器械检验所采用激光共聚焦显微镜对髋关节假体进行测量。使用中，设备软件能够评价曲面的线性粗糙度和面粗糙度，但对量值准确性及溯源性等方面提出了微纳米精准计量的需求。

（3）应用示范内容

通过一维 / 二维栅格样板、标准粗糙度样板等标准器对产业中常用的激光共聚焦显微镜进行了精确校准，确保其测量尺寸的准确可靠，实现了 0.036 ～ 6.059μm 粗糙度的准确测量。

激光共聚焦显微镜系统实物图见图 5-24。

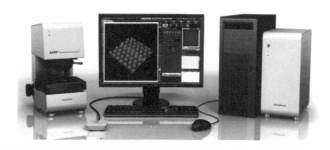

图 5-24 激光共聚焦显微镜系统实物图

（4）社会经济效益

激光共聚焦显微镜应用日益广泛，在生命科学、生物材料等方面尤为重要。通过对仿生关节的精准计量，加强了医疗器械全生命周期管理，为人民生命健康提供了计量保障。

5.3.5　研究级透反射正置材料显微镜的溯源

（1）应用背景

"人口老龄化""儿童安全考虑""提高合规性""产品安全性和可持续性"是目前全球制药企业在药品包装和给药装置选择及开发工作中面临的几个主要"痛点"。其中，患者的安全问题是所有涉及医药产品领域的企业需要重点考虑的因素。除了大家常提到的儿童安全外，如何保障药物无污染地送达患者手中也是至关重要的。根据仿制药注射剂技术要求及现行审评技术要求，直接接触药品的包装容器的密封性应当经过验证，避免产品遭受污染。

（2）产业需求

药品包装材料的密封性是关系到药品质量的一项重要物理性监测指标。为更好地保证药品包装安全，药品包装企业除了在包装设计上要别出心裁，在生产过程中也要严格把关，其中药品包装检测便是关键环节之一。为了更好保障药品质量，药品包装企业检测药品包装的密封性成为必要。

所谓密封性，是指包装袋避免其他物质进入或内装物溢出的特征。在药品包装袋的生产过程中，因为生产环节比较多，可能会产生热封合的漏封、压穿或材料本身的裂痕、微孔，从而产生内外连通的小孔或强度薄弱点。所以如果密封性能不达标，外界水汽等就会进入药包材内接触内部药品，药物就会受潮、失效甚至是变质等，危害患者的身体健康。因此，药品在整个有效期内要有完好的密封性包装，药包材必须要经过专业的严格的密封性能测试。药品包装材料的密封性符合国家相关药包材试验标准，如GB/T 15171、ASTM D3078、GB/T 27728、YBBOOl 12002、YBB 00262002 等标准。

用户使用研究级透反射正置材料显微镜对药品包装密封性进行检测，包括有无裂缝、裂缝多大等，这就对研究级透反射正置材料显微镜的量值有了微纳米级溯源需求。

（3）应用示范内容

通常采用真空衰减法、高压放电法、激光法、质量提取法等对无菌药品采用的包装容器进行密封性验证。主要包括验证药品包装容器有无裂缝，如西林瓶胶塞与瓶口的密封效果以及安瓿瓶的熔封是否完好、有无大的漏孔等。

利用一维、二维栅格对研究级透反射正置材料显微镜进行精确的校准，确保其测量尺寸的准确可靠、国内等效互认，实现 1 ～ 100μm 的准确测量。目前，已对南京等地的企业开展示范应用（图5-25），提供精准计量，助力南京恒道医药有限公司药包材密封性检测。

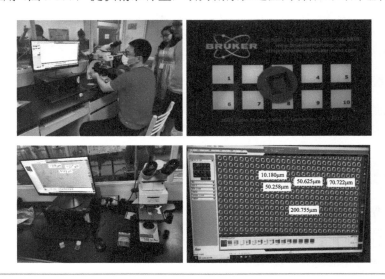

图 5-25　示范应用现场校准

（4）社会经济效益

企业参考 USP1207 等相关技术要求开展包装系统密封性的研究验证，密封性检查优选能检测出产品允许最大泄漏限度的确定性方法，建议至少采用两种方法（色水法或微生物挑战法）进行密封性验证。采用色水法、微生物挑战法均需制备合适的阳性对照（制备系列打孔样品，测定实际泄漏孔径），验证方法灵敏度。为制备合适的阳性对照，采用激光打孔方式，通过毛细管、微滴管插管，结合微生物理论值大小与文献中泄漏等级打孔，一般的孔径设置为 2 ～ 50μm。

通过对材料显微镜的计量校准，确保数据的可靠性和准确性，为保障药物无污染地送达患者手中提供计量支撑，让患者服用放心药、保障药。

5.4 ▶ 公共安全领域

5.4.1 化学药药用玻璃包装的脱片研究

（1）应用背景

生物医药产业是国家战略性新兴产业之一，化学药品注射剂在我国医药产业占有八千亿的市场，注射剂的质量安全事关民生，而实际上，注射剂质量并非万无一失。近年来，北京、福建、贵州、广东、浙江、云南多地均查出多家药企、多批次注射剂"可见异物"不合格。全球范围屡次发生由玻璃脱片造成的药物召回事件，中国的碳酸氢钠注射液出现玻璃碎屑事件，都对注射剂药品玻璃包装的监督管理提出了更高的要求。

（2）产业需求

药品玻璃包装材料中的玻璃微粒或脱片会引起患者血栓栓塞、组织坏死、心肌缺血甚至死亡，所以，国际标准、美国药典、欧洲药典、日本药典对盛装液体注射剂的玻璃包装的耐水、耐碱性能等都有严格的规定。

针对注射剂与玻璃包装容器的相容性研究，国内已经颁布了《化学药品注射剂与药用玻璃包装容器相容性研究技术指导原则（试行）》，指导原则中提出对药品玻璃包装容器要重点做脱片研究，研究玻璃包装表面侵蚀程度。但该原则缺乏相关实施细则，因此，针对指导原则进行实施细则的研究，建立具体的脱片研究的方法势在必行。

对于制药企业来说，作为药包材产品本身是符合规定的，但盛装不同的符合规定的药品时，不一定是一个安全有效的产品。解决与药包材相关的药品安全问题的方法——药包材与药物相容性试验，突出了药包材的重要性。

药用玻璃容器脱片研究，是评估药物和药包材相容性的一部分，对药物的稳定性研究起到指导作用。可以采用染色法、不溶性微粒检测、ICP-MS 测定药液中硼硅等元素比例等方法对药包材进行检测，但这些方法都是间接判定，而扫描电镜能直观判定脱片的产生，是一种高效精准的分析手段。

（3）应用示范内容

针对医药企业玻璃包装材料的产业需求，旨在为药品选择适宜的药用玻璃容器进行相容性试验研究提供科学、可行、有效的研究试验方法。本课题利用实验室的扫描电子显微镜检测设备，依据国家药品监督管理局发布的《化学药品注射剂与药用玻璃包装容器相容性研究技术指导原则（试行）》，针对产业实际情况编制了扫描电子显微镜对玻璃包装材料进行脱片研究的检测方法，具体提供以下解决方案：

① 适用产业范围：药用玻璃包装容器，包含各类玻璃材质制成的安瓿瓶、输液瓶、注射剂瓶、预灌封注射器、卡式瓶等。

② 玻璃瓶取样（图 5-26）：选取与侵蚀液接触的部分（各取样点样品切割位置需保持一致，管制瓶应至少包含底部烧结部位及侧面瓶壁两个部位），切割制取大小、形状适宜的样品，使得样品曲度尽量低，采用适宜的方法清洗样品表面，避免清洗过程中产生假阳性样品。

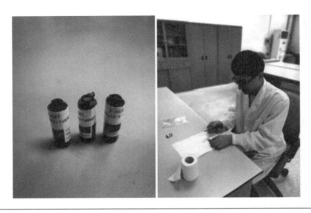

图 5-26　玻璃瓶取样现场图

③ 制样（图 5-27）：对选取的玻璃样品喷镀导电层，进行样品固定，选取扫描电镜仪器最优的仪器条件进行测定。

图 5-27　制样现场图

④ 测量：对未经试验的空白玻璃包装容器表面进行扫描，观察其表面是否光滑、是否存在坑洼；分别对阳性对照品及模拟样品表面进行扫描，找到表面出现侵蚀的特征图（图 5-28 和图 5-29）。

图 5-28　未被侵蚀的玻璃 SEM 图

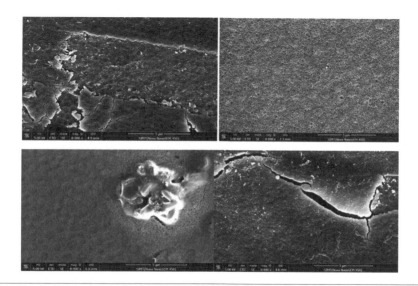

图 5-29　被侵蚀的玻璃 SEM 图

（4）社会经济效益

通过建立计量标准、研究检测玻璃脱片技术，针对不同医药企业使用的玻璃包装材料的不同，制定不同的检测方案检测玻璃脱片情况，帮助生物医药企业筛选玻璃包装材料，为企业间接创造上千万经济效益。

5.4.2　公安刑侦痕量生物检材的 X 射线能谱鉴定

（1）应用背景

X 射线能谱仪（EDS，如图 5-30 所示）是一种常见的用于分析试样化学组成以及对该组成进行定量分析的仪器，一般与扫描电子显微镜（SEM）或者电子探针（EPMA）组合使用。X 射线能谱仪广泛应用于医药学、环保学、动物学、冶金学、地质学、物理学等科学领域，具体包括：高分子、陶瓷、混凝土、矿物、纤维等无机或有机固体材料分析；金属材料的相分析、成分分析和夹杂物形态成分的鉴定；固体材料的表面涂层、镀层分析，如金属化膜表面镀层的检测；金银饰品、宝石首饰的鉴别，考古和文物鉴定；材料表面微区成分的定性和半定量分析，在材料表面做元素的面、线、点分布分析；刑侦鉴定领域等。

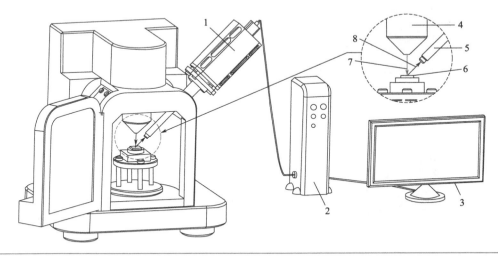

图 5-30　X 射线能谱仪结构示意图

1—EDS；2—处理器；3—计算机；4—极靴；5—X 射线探测器；6—试样；7—电子束；8—特征 X 射线

受到被测样品表面粗糙度、均一性和测试条件等因素的影响，不同仪器对同一材料的测量结果会有 5% ～ 10% 甚至更大的偏差。因此，为了加强能谱仪的质量控制与管理，保证量值溯源的准确可靠，需要对 X 射线能谱仪的计量性能进行有效评价。

（2）产业需求

X 射线能谱分析是一种高灵敏超微量表面无损分析技术，是现代各种材料微区分析的重要工具。近年来，SEM/EDS 组合由于放大倍率、分辨力、灵敏度高，同时具有快速、简便、检材用量少且不破坏检材等优点，在司法物证鉴定方面的应用逐渐普及。利用 SEM/EDS 检验微量物证的显微形貌、元素成分、元素相对含量及 X 射线面分布，达到定性和定量分析的目的，为司法部门公正办案提供了必要的科学依据，以便揭露和证实犯罪事实。为保证测量结果的准确、统一，扫描电镜、电子探针和能谱仪的计量性能需要通过周期测试和校准才能确认，但目前国内还未颁布针对 X 射线能谱仪的校准规范或检定规程，计量校准无规范可循。为准确评价 X 射线能谱仪的计量性能，研究 X 射线能谱仪校准方法并制定合理的校准规范显得尤为迫切。

（3）应用示范内容

研究校准方法并形成技术规范。分析研究市场上常用的 X 射线能谱仪的重要特性指标，明确校准项目及校准方法。

① 能量分辨力。能量分辨力是能谱仪的最重要指标，是区分相邻 X 射线谱峰的能力。能谱仪的能量分辨力为测得的谱峰半高宽（FWHM）。校准能量分辨力时，使用抛光的金属锰单质及聚四氟乙烯（可以使用玻璃碳和含氟矿物代替）。测量 Mn-K 谱图时，设定加速电压为 15kV；测量 C-K 和 F-K 谱图时，设定加速电压为 10kV。调整束流以使测量中计数率不超过规定的计数率极限，峰计数强度应高于 10000。利用能谱仪提供的计算分辨力的程序计算 Mn-Kα 以及 C-Kα 和 F-Kα 的谱峰半高宽，或按照 GB/T 20726—2015 附录 A 利用谱图直接测量，得出能谱仪能量分辨力。

② 元素含量测量的相对示值误差及重复性。校准元素含量测量的相对示值误差及重复性时，标准器应首选国家级电子探针成分分析有证标准物质，平坦、无水、致密、稳定、微区成分均匀，扩展不确定度 $U \leqslant 0.5\%$（质量分数，$k=2$）。对于轻元素（原子序数小于 11），至今国内外没有一个公认的定量分析方法；X 射线能谱仪的探测限一般为 $0.1\% \sim 0.5\%$，对于含量小于 1% 的痕量元素，X 射线能谱仪的定量分析误差较大，故轻元素和痕量元素的测量适用于《X 射线能谱仪校准规范》。待仪器充分预热后，对标准物质中所有元素进行测量，选取原子序数大于 11 且覆盖 $1\% \sim 3\%$、$3\% \sim 20\%$ 和 $20\% \sim 100\%$ 三种范围的元素，重复测量 6 次，分别计算每个元素 6 次测量结果的算术平均值，得到元素含量测量的相对示值误差，同时通过计算实验标准差得到该元素含量测量的重复性。

目前已完成的国家计量技术规范《X 射线能谱仪校准规范》已启动报批程序，能谱仪的计量校准实现了有规范可循。

用溯源过的微纳米台阶高度样板，对山东省公安厅及各地市公安局的物证鉴定中心的扫描电镜进行校准，统一溯源到国家计量基准，确保放大倍率及测长的准确性。基于《X 射线能谱仪校准规范》报批稿的校准方法，使用国家级电子探针成分分析有证标准物质对 X 射线能谱仪进行校准，确保元素分析的准确性。物证鉴定中心使用经计量检定后的扫描电镜、能谱仪等仪器，在司法案件物证分析时可将元素成分的定性、定量分析作为鉴定依据。

例如，爆炸案件能否侦破，关键在于在现场能否找到与犯罪相关的物证，并通过检验为破案提供信息。但是，由于爆炸会对现场造成巨大破坏，其他刑事案件中常见的指纹、足迹等与人相关的物证已很少存在，因此，爆炸残留物的提取和检验在爆炸案件侦破中具有十分重要的意义。利用扫描电子显微镜/能谱仪结合 X 射线衍射仪对爆炸残留物进行形态观察和元素分析，可以有效地确定炸药的成分、种类、特点，进而给侦查提供方向，为破案提供证据。

再如，枪弹发射过程所形成的射击残留物是枪击案件中一种重要的法庭物证，射击残留物分析的结果对枪击案件性质的判断、案件现场的重建、案件的侦查和法庭审判都具有重要的价值。射击残留物是指射击时从枪口或枪支机件缝隙中喷射出的火药燃烧生成的烟垢、未完全燃烧的火药颗粒、微量金属屑和枪油等。气体燃烧形成的残留物一部分沉积在目标物上，一部分沉积在射击者的手、臂和前胸等部位，以手上居多。射击残留物的无机成分来源于枪弹的底火，具有独特的化学成分，如 Sn、Pb、Sb、Ba 等，粒径一般在 $0.1 \sim 30\mu m$ 之间。射击残留物的发现、提取和检验，有助于侦查人员获取枪击案件的有关信息，是侦破枪击案件的线索，也是证实犯罪的证据和判断案件性质（自射、他射）的重要依据。

（4）社会经济效益

通过研究校准方法及制定校准规范，解决了 X 射线能谱仪无校准规范可依的问题，统一了溯源途径，为元素含量的准确检测提供了质量保障。物证鉴定时利用 SEM 结合 EDS，可以对其做客观公正的比对，这也是现代司法鉴定手段中最有效的方法之一。SEM 和 EDS 经计量校准后，物证的可信度更高，为案件检验领域提供了坚实的计量技术。

第6章
微电子与集成电路产业应用示范

    大国重器需要芯片，半导体集成电路产业从根本上为人工智能、物联网、5G等先进技术的飞速发展提供着强有力的技术支撑。在目前全球半导体产业逐渐向中国大陆转移的整体趋势下，芯片作为电子产业的基础，由其形成的元器件产品几乎可以涵盖所有电子设备，但与此同时，我国纳米几何特征量值溯源体系依赖于国外标准样片的现状使得集成电路很大程度上受限于国外量值，这也进一步对国家半导体产业安全造成了隐患。

    鉴于现如今日趋紧张的国际环境和美、日、欧等龙头企业主导的寡头竞争格局，考虑到国外市场封锁和管制现状，出于国防安全紧迫需求，我国国防军队建设、航空航天技术研究及高端武器装备制造等均走上了自主创新道路，而其中的核心技术国产化进程更是刻不容缓。在此过程中，半导体制造、集成电路测试、先进封装等许多高新技术产业都需要高精度、可溯源的测量仪器对纳米尺度几何特征量值进行精准测量，使得这些关键参数的测量结果有据可依、有源可溯。而开展纳米几何特征参量计量标准器研究作为其中的关键环节，同时也是推动半导体制造发展和国防军工武器装备升级的重要前提。

    自2018年来，在我国华东、华南及西北地区一些半导体研发、集成电路测试、元器件筛选的企业与科研院所开展针对性计量校准服务，使计量标准器与产线工艺检测设备相匹配的同时，进一步保障了微纳尺寸精度符合民用、军工集成电路设计和制造标准，这也为下一步构建纳米量值传递体系、实现集成电路产业自主可控的发展要求奠定了基础。

    本章总结了苏州市计量测试院和广州计量检测技术研究院等单位针对集成电路产业四个阶段（研究阶段、制造阶段、分析阶段、服务阶段）开展应用示范的典型案例，旨在从根本上解决半导体行业纳米计量标准器缺失的现状和量传体系与产业脱节的问题，同时也为今后纳米几何特征参量计量标准器在集成电路与国防军工产业进一步深入应用拓展提供参考价值。

6.1 ▶ 元器件研制领域

电子元器件是电子设备和整机的组成细胞，是保证设备高可靠性的基本单元，其性能指标、质量、可靠性水平等直接关系到各种电子设备的技术性能。随着国防科学技术逐渐向电子化、智能化的方向发展，各种武器装备使用的元器件数量和品种大幅增加，同时对元器件质量等级要求也逐步提高。

现在我国微电子集成电路产业进入了战略机遇期，整体处于制造大国向制造强国转变的重要转折阶段，但随着国际环境日益紧张，欧美各国对我实施的关键元器件禁运和封锁政策都严重影响了这一发展进程，因此《国家中长期科学和技术发展规划纲要（2006—2020年）》中明确将"核心电子器件、高端通用芯片及基础软件"列为16个重大专项之一。

为了摆脱受制于人的局面，更好掌握主动权，就需要加快推进核心元器件国产化研制相关工作，而其中纳米尺度量值测量作为大多数器件研制的基础工作，其测量数据的准确性和稳定性会对元器件缺陷反馈、测试筛选、应用验证等各环节造成影响。同样的，在上述各步骤中所使用的纳米测量设备溯源链的完整性也在一定程度上决定着元器件的质量和可靠性。

本节概述了元器件研制领域的3个典型案例，基于"计量服务"的核心思想，通过为各企业提供纳米几何特征参量计量校准工作，充分显示了纳米几何特征参量计量标准器在元器件研制阶段的重要作用，也为后续更多核心器件国产化研发提供素材案例。

6.1.1 测温仪核心传感器的研制

（1）应用背景

额温枪、耳温枪等非接触式人体测温仪器作为大规模人员发热筛查的主要便携式医疗设备，红外传感器作为测温仪的核心器件，在此之前由于芯片和MEMS封装等技术限制，主要依赖进口，而这种核心器件短缺困境一定程度上对国内相关医疗救治工作造成了严重阻碍。面对严峻的形势，西安微电子技术研究所结合自身半导体集成电路、混合集成电路及计算机三大专业优势，自主开展了额温枪（图6-1）核心器件——红外热电堆传感器研制，积极投身医疗事业。而在额温枪核心器件——红外热电堆传感器研制过程中，线宽、膜厚等微纳米几何尺寸直接影响产品良率及性能，需要多种纳米测量设备对线宽、膜厚等指标进行精密有效测量。

（2）产业需求

高精度、高可靠、高能效、低功耗的半导体集成电路作为各种传感器研制的核心，其对于医疗健康设备性能有着至关重要的影响。而晶圆制造是整个传感器研制过程的最关键

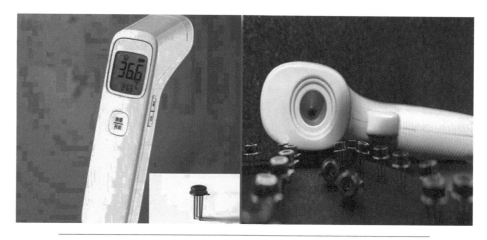

图 6-1 额温枪示意图

同时也是制造成本最高的部分，主要包括清洗、氧化、光刻、刻蚀、薄膜淀积、掺杂、金属化、平坦化、检测等一系列工艺模块。在上述工艺步骤中为了保证晶圆良率，就需要做好各个工序的检测。

目前，国内用于薄膜厚度、膜应力、折射率、掺杂浓度、表面缺陷、关键尺寸、电容电压特性等参数测量的半导体检测设备大多依赖进口，这些设备的计量检定技术及标准样片同样被国外垄断。同时在具体计量过程中，受仪器工作原理、测量对象和环境因素影响，用不同仪器检测同一标准样片，或用同一仪器在不同环境下测量同一标样，测量结果可能截然不同。因此，面对当前日趋紧张的国际形势，为满足各类医疗健康技术领域用半导体集成电路的研制需求，突破限制我国微电子集成电路产业发展瓶颈，迫切需要相关合理有效的计量校准技术，确保各类半导体集成电路产品研制过程中使用的测量设备的量值准确及统一。

（3）应用示范内容

红外热电堆传感器是将多个具有该特性的热电偶进行电串联、热并联，以实现信号倍增。热电偶的热结区集中于红外吸收区内，冷结区集中于硅基体中，如图6-2所示，当器

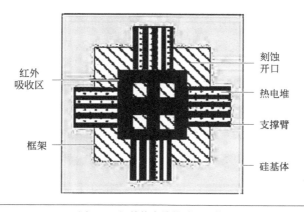

图 6-2 红外热电堆传感器结构

件接受外界红外辐射激励时，红外吸收区域与硅基体间形成温差进而产生温差电动势。

基于上述原理可知，薄膜厚度是影响传感器输出灵敏度的关键技术指标。而红外热电堆传感器研制过程中的薄膜厚度为 500 ～ 600nm、深度约为 400μm，需要使用扫描电子显微镜（SEM）对多晶电阻薄膜厚度、支撑臂及刻蚀深度等进行精密测量。

为确保测量结果的准确性及有效性，本课题组采用自研制的线宽标准样片，对研制过程中使用的扫描电子显微镜进行校准，再进一步使用扫描电子显微镜对研制的薄膜厚度等进行了精密测量，具体情况如下：

① 使用标准样片校准扫描电镜；

② 使用 SEM 测量热电堆、支撑臂及硅基体尺寸；

③ 根据测量尺寸优化制备工艺并再次测量；

④ 完成制备。

（4）社会经济效益

通过多种扫描电子显微镜等纳米测量设备对线宽、膜厚等关键指标进行精密有效测量，提高了便携式红外人体测温仪的产品良率及性能，有效服务了我国发热筛查等相关工作。

6.1.2　石墨烯纳米复合电极材料超级电容器开发研究

（1）应用背景

石墨烯是由碳原子之间依靠 sp^2 杂化而形成的一种紧密堆积的二维蜂窝状结构材料，自 2004 年被发现以来，石墨烯以其具有的多重优异性能，如极佳的导电导热性、超高强度及超柔韧性、超轻超薄性能，在世界上引起二维纳米材料的广泛研究热潮，被誉为"新材料之王"。在众多应用领域，如高性能复合材料、新型能源材料、先进电子器件以及航空航天轻质高强材料等，石墨烯已展现出良好的应用前景。

目前世界上以美国、日本、韩国等为代表的 80 多个国家都相应推出了石墨烯研发规划，纷纷布局并抢占石墨烯生产的关键核心技术与应用重点领域进行研发。我国是石墨资源大国，在发展石墨烯前沿材料的领域内具有得天独厚的优势，2015 年发布的《中国制造2025》，就已将石墨烯材料作为国家前沿新材料领域的战略发展重点。尤其是近年来，在紧跟世界前沿石墨烯技术后，我国石墨烯的产业化发展态势已经形成，并且在很多前沿领域都处于世界领先地位。

石墨烯理论比表面积大，高于碳纳米管等其他碳材料，作为典型的双电层超级电容器电极材料，其外露的表面可以被电解液充分地浸润，因而具有高的比容量，适合大电流快速充放电；它的物理化学性质稳定，能在高工作电压下保持结构稳定；同时具有优异的导电性能，可以促进离子 / 电子快速传递，能够降低内阻，提高超级电容器的循环稳定性。

超级电容器（如图 6-3）是一种性能介于传统电容器和二次电池之间的新型储能器件，其储存电荷的能力比普通电容器高，容量可达几百甚至上千法拉。超级电容器具有充放电速率快、效率高、对环境无污染、循环寿命长、使用温度范围宽、安全性高等特点。自面市以来，超级电容器的全球需求量迅速增长，已成为化学电源领域新的产业亮点。在超级电容器的研究中，电极材料是超级电容器的核心，也是影响其性能的关键因素。

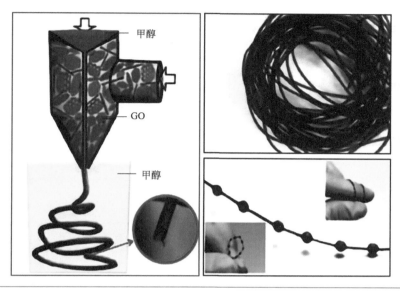

图 6-3　超级电容器

(2) 产业需求

石墨烯是一种二维碳材料，具有完美的二维晶体结构，它的晶格是由六个碳原子围成的六边形，厚度为一个原子层。作为新兴的碳材料，石墨烯具有导电性良好、性质稳定、比表面极大、比强度大等优异的物理化学性能，这些优点恰好符合超级电容器电极材料的要求。然而，由于其表面较高的稳定性导致难以被电解液润湿，以及石墨烯片层之间较强的范德华力造成的不可逆团聚，限制了其在实际生产中的应用。为了解决这些问题，许多研究者致力于研究石墨烯的纳米复合电极材料。

由于复合电极材料各组分之间的协同效应提高了材料的整体性能，所以比单一组分材料具有更好的应用前景。通过对电极层复合材料组成进行分析，有利于进一步暴露待测区域，促进超级电容器中组装／复合的石墨烯等二维层状材料检测的进行，图 6-4 为超级电容器研制过程。

因此，根据微电子企业需求，需要对石墨烯固态高分子铝电解电容器的复合电极材料进行综合分析测定，此过程需要使用纳米探针扫描电镜、扫描电子显微镜以及激光共聚焦拉曼光谱仪等分析其组成、分子结构以及厚度，其中厚度测试采用了中心团队人员自行制定的企业标准开展，在对样品进行分离后，均匀分散于原子级平整的基底上，开展 AFM 测试。这项工作的难点在于均匀分散、快速寻找并准确检测出材料的表面纳米片层的厚度，从而对仪器条件、灵敏度和检测方法的准确度都有着较高的要求，其研发进展整体基于纳米量值的准确性，因此，急需进行校准溯源。

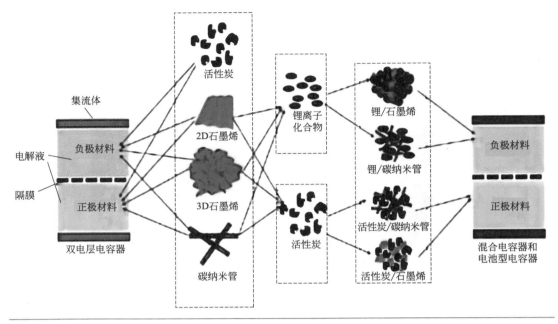

图 6-4　超级电容器研制过程

(3) 应用示范内容

通过课题研究建立纳米几何特征参量计量标准器、元素成分计量标准器，对其纳米探针扫描电镜、扫描电子显微镜以及激光共聚焦拉曼光谱仪开展校准溯源服务。在校准过程中协助建立企业标准测试方法，规范测试步骤、流程，建立不确定度估计体系，保证了关键几何尺寸测量值准确可靠。

(4) 社会经济效益

通过量值溯源，有力地帮助广东省石墨烯产品测试平台对石墨烯复合材料产品的形貌、成分、纳米级几何量值进行精准测试，解决了超级电容器内部关键几何量值溯源难题，为电化学储能系统的发展提供计量技术支撑，帮助企业缩短产品研发周期，为质量监控保驾护航。

6.1.3　石墨烯微流控芯片传感器研发

(1) 应用背景

微流控芯片技术是把生物、化学、医学分析过程的样品制备、反应、分离、检测等基本操作单元集成到一块微米尺度的芯片上（图6-5），自动完成分析全过程。

原则上，微流控芯片可以用于各个分析领域，如生物医学、新药物的合成与筛选，以及食品和商品检验、环境监测、刑事科学、军事科学和航天科学等其他重要应用领域，其中生物分析是热点，将复杂耗时的分析过程微型化、集成化，为克服生物医学快速检测中所面临成本高、分析时间长、检测灵敏度低等三大缺陷，提供了新的方法。目前其应用主

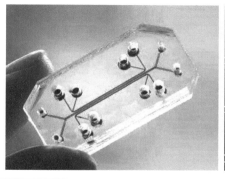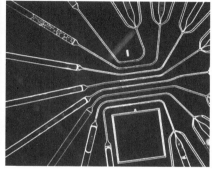

图 6-5　微流控芯片

要集中在核酸分离和定量、DNA 测序、基因突变和基因差异表达分析等。随着医疗保健行业朝着个性化医疗方向发展，技术不断发展以适应新的市场需求，创新的微流控芯片技术将越来越多地应用到即时诊断领域。与此同时，农产品和水行业增加了专业细菌检测实验的需求，微流控芯片在工业和环境检测领域发展得如火如荼。鉴于创新的解决方案和成本优势，微流控芯片技术吸引了越来越多的厂商加入进来。许多大企业都在探索采用微流控技术来提升产品的竞争力。

(2) 产业需求

传统微流控芯片中，采用二维平面电极往往只能感知在平面方向的延伸和迁移，并不能反映纵向的变化带来的不全面的阻抗分析。为克服这一缺点，采用修饰了的三维石墨烯传感单元，增加了表面和界面电极材料的相互作用，为电信号的提取提供了更多的接触点和更大的接触力，大幅增强了电阻抗信号强度（图 6-6）。

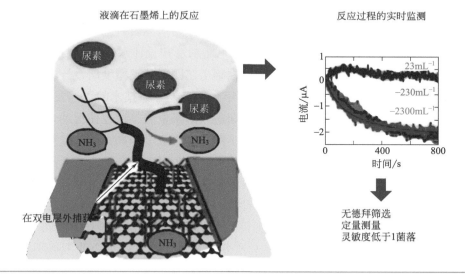

图 6-6　石墨烯传感单元反应过程记录

因此，是否能顺利在微流控芯片传感单元上引入三维石墨烯并保持其本征性质及形貌显得十分重要。研发团队结合扫描电子显微镜和原子力显微镜，在不破坏表面形貌的前提下，对传感单元的组成及结构进行分析，并获取材料中各类杂质元素分布成像图，此外，重点进行纳米级表面形貌分析以及微纳米结构缺陷分析，以获得相关检验检测数据，为进一步优化微流控检测的性能、改进工艺提供方向。这个过程就要求扫描电子显微镜以及原子力显微镜的测量值准确可靠。

(3) 应用示范内容

为满足该团队对扫描电子显微镜的溯源需求，本课题研究采用 1μm 线间距的同心矩形方格标样进行校准。现代扫描电镜自备测量程序，可进行微纳米几何尺寸的直接测量，因此，有必要评价不同放大倍数下扫描电镜长度测量的准确性，对长度测量示值误差进行校准，也可以对实际被测样品的长度测量值进行修正。因此，根据其应用需求，在传感单元组件的多个常用放大倍数下进行校准，以及不确定度评定。

(4) 社会经济效益

解决了微流控芯片中传感单元组件的测量值溯源问题，保证了研发测试中的量值准确可靠，缩短了研发周期，保障了产品质量，推动了三维石墨烯在微流控芯片中的应用，促进了微流控芯片的多向发展。

6.2 ▶ 关键参数测量领域

在半导体制造与集成电路产业中，典型的纳米尺度几何特征参数包括以下 6 种：线宽、粗糙度、（台阶）高度、（沟槽）深度、节距（栅格周期）和斜率。这些关键参数的测量结果不仅影响相关制造工艺，同时也进一步决定着电路产品质量。

以线宽（特征尺寸）为例，作为衡量集成电路制造和设计水平的重要参数，它是指在集成电路光掩膜制造及光刻工艺中为评估及控制工艺图形处理精度所设计的一种反映集成电路特征最小线条宽度的专用线条图形。近年来随着半导体技术的飞速发展以及新材料、新生产工艺的不断引入，半导体器件线宽逐渐进入纳米量级，这也使得纳米线宽的准确测量表征成为研究热点。一般而言，线宽值越小则芯片集成度越高，而线宽测量结果的准确性将会直接影响元器件的各项电性能参数，从而进一步对电路产品可靠性产生影响。

半导体集成电路制造过程中的关键参数测量使用较广泛的仪器主要包括扫描电子显微镜、台阶仪、膜厚测量仪等，而这些仪器设备都需要使用微纳米尺度计量标准器进行定期校准从而保证测量数据稳定、可靠，并最终可以将纳米量值溯源至国家标准和基本单位。但由于目前国内标准器缺失和量传体系与产业脱节等现状，相关企业不得不购买价格昂贵、校准周期冗长的进口标准片，这在一定程度限制了我国集成电路产业的发展。以研制纳米几何特征量计量标准器为核心，通过完善纳米量值溯源链促进集成电路产业自主可控发展进程。本节概述了集成电路产业中利用纳米量值测量设备对不同关键参数进行测量的 5 个典型案例，为下一步构建其他参数纳米量值溯源链奠定基础。

（1）产业需求

目前半导体工业生产中已发展多种测量技术手段，如散射测量、原子力显微镜、透射电子显微镜和扫描电子显微镜等，扫描电子显微镜是进行实时监控与线宽测量中最为简便和高效的方法。我国纳米计量量值传递体系尚不完善，纳米几何特征参量标准器存在诸多空白，导致扫描电子显微镜等纳米测量设备校准溯源依赖国外仪器生产商或检测机构，限制我国半导体行业的发展。

芯片失效分析，尤其高端失效分析的技术门槛极高，光设备就要投入大量资金，高端分析人才和自主知识产权也需要长时间储备和积累，半导体产业链高端检测需求垂直分工已成定局。苏州某企业专注于芯片检测和材料检测分析（现场校准图片见图6-7），客户涉及半导体芯片领域多家龙头企业。确保该类高端第三方检测公司测量结果的准确可靠，迫切需要计量机构提供计量技术支撑，确保设备测试结果的准确性。

图 6-7　现场校准图片

（2）应用示范内容

通过建立扫描电子显微镜校准装置、扫描探针显微镜校准装置社会公用计量标准，分别用一维/二维栅格对集成电路常用的扫描电子显微镜开展校准溯源服务，确保线宽等关键尺寸的测量结果准确可靠。具体校准方案如下：

① 分别对 X、Y 方向的 M（$M \geqslant 5$）个栅格间距进行测量，连续测量左/右侧边沿的间距，重复测量 5 次，取平均值，从而获得测长示值误差。

② 将二维栅格标准样板的图像中水平线条调整为沿着 X 方向。选取 X、Y 方向 5 个间隔周期以上测量长度，用扫描电子显微镜的图像测量软件测量栅格图像上横向与纵向栅格方向的夹角，与标准样板实际校准值的差即为校准结果。

③ 对测量结果进行不确定度评定，计算得到扩展不确定度。

一维栅格样板和二维栅格样板校准图片见图6-8。

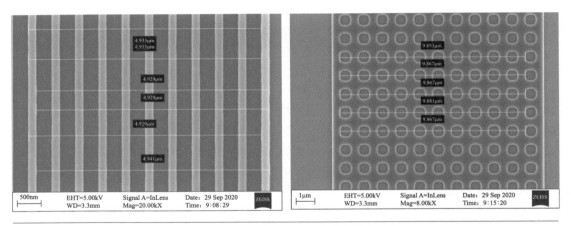

图 6-8　一维栅格样板和二维栅格样板校准图片

用校准的扫描电子显微镜实现集成电路元器件线宽（图 6-9）、刻蚀深度及边缘角度等关键尺寸的快速、精确测量，以及集成电路中氧化层质量、光刻工艺局部缺陷、金属连线的隧道缺陷等失效分析的准确定值。

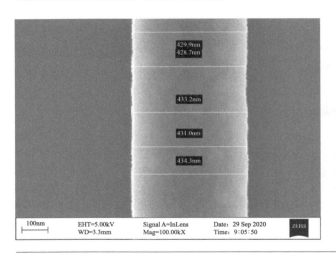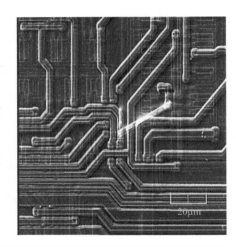

图 6-9　芯片线宽的扫描电镜图

(3) 社会经济效益

通过对集成电路行业相关企业中涉及的微纳关键几何参量的量值实现有效溯源，保证了集成电路行业中半导体线宽等关键几何尺寸的测量值准确可靠，解决了集成电路微纳几何量值溯源难题，为微电子集成电路领域的产品开发和质量监控保驾护航。

通过国产高端集成电路检测公司提供计量支撑，确保其为国内众多芯片等高科技企业提供的检测分析数据准确可靠，鼎力扩大半导体失效分析能力，辐射华东乃至整个东南亚地区集成电路产业，加快我国半导体业产能建设及研发进程，推动半导体行业高质量发展。

（1）产业需求

在半导体器件和集成电路生产制造过程中，薄层材料厚度的测量是控制产品质量的一项重要表征指标，其测量主要使用椭圆偏振光谱仪（简称椭偏仪）、膜厚仪等设备进行。椭偏仪测量速率快、精度高，不仅能够实时检测薄膜生长的厚度，还能够得到薄膜折射率以及消光系数等重要信息，可以监控薄膜可能存在的组分偏离，因此，椭偏仪已经成为器件生产过程中的标配仪器。高精度的测量需要仪器精准计量作为保障，但目前针对椭偏仪等微纳米尺度膜厚测量设备并未建立起完整的溯源链，仪器出厂时自带的膜厚校准片的特征参数量值溯源困难，需寄到国外机构进行，成本高，耗时大，对企业生产产生不利影响。

（2）应用示范内容

在了解到企业的需求后，苏州市计量测试院深入生产一线积极与企业沟通，了解生产厂家的测试需求和质量管控要求，给客户提供了科学有效的膜厚标准片校准方案，针对不同厚度的膜厚标准片提供不同的校准方法：对于厚度在 10μm 以下的薄膜，采用高精度椭圆偏振光谱仪校准，精度达到 0.1nm，对于厚度在 10μm 及以上的薄膜采用反射率法测量，精度达到 0.5nm，能够覆盖客户的需求，极大节省了企业的时间成本和校准成本（图 6-10）。

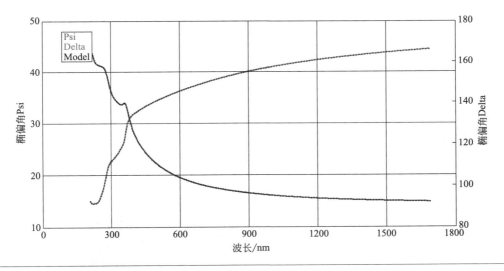

图 6-10　利用高精度椭圆偏振光谱仪对客户厚度标准片进行校准

（3）社会经济效益

自 2017 年以来，已持续多年为多家企业提供椭圆偏振光谱仪、膜厚仪等测量设备使用的标准片的校准，量值通过纳米几何特征参量标准器溯源至"纳米几何量国家计量标准装置"，解决了薄膜厚度量值溯源问题，确保生产应用中膜厚量值的准确可靠、国际等效互认，满足了半导体器件和集成电路中薄层材料厚度检测应用需求，助力我国宽禁带半导体氮化镓电子器件技术与产业化，为相关产业创造了巨大的社会经济效益。

6.2.3 电子互联中台阶高度关键参数量值溯源

(1) 产业需求

无锡某电路板生产企业，拥有印制电路板、封装基板及电子装联等核心业务，已成为中国印制电路板（PCB）行业的龙头企业、中国封装基板领域的先行者及电子装联制造的先进企业，产品在华为、联想、小米等国内知名企业中均有应用。

随着电子产品技术发展和多功能化的要求，为了提高产品性能和产品组装密度、减小体积和质量，PCB 的设计朝微米、纳米尺寸不断发展，设计加工过程中需精确控制基板开槽深度，使用台阶仪、原子力显微镜等测量仪器实时监控基板表面各种台阶高度值准确及稳定情况，对相关测量设备的校准与量值溯源提出更高要求。目前产业里常用的台阶仪和原子力显微镜均为国外厂家生产，测量准确性靠仪器出厂时配备的标准台阶高度片进行监控控制，没有建立完整的溯源链，量值精度无法保证，不能满足产品质量控制的要求。

(2) 应用示范内容

在深入了解企业需求后，项目团队针对微纳米尺寸台阶高度片的校准溯源方法展开研究，发现该参数相关的校准规范和国家标准仍为空白，在和企业技术人员不断沟通后给出了较为合理的解决方案（图 6-11）：利用项目团队已有的经国家计量院溯源的台阶高度测试设备测量企业的台阶高度标准片，另在同等参数条件下测量经国家计量院溯源过的特征值接近的标准台阶高度片，将两者的测量结果进行比对，计算不确定度，从而得到精度较高的校准结果。该方案得到了企业的认可，顺利解决了台阶标准片的量值溯源问题。

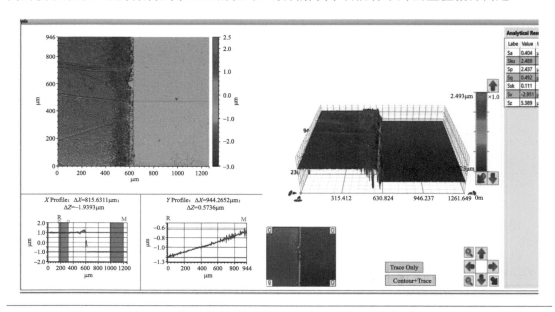

图 6-11　利用高精度三维光学轮廓仪对台阶高度标准片进行校准

（3）社会经济效益

基于台阶仪、三维光学轮廓仪、原子力显微镜等 Z 向高度测试设备，完善了纳米几何量测试能力；基于纳米几何特征参量标准器，将产业生产研发相关测试设备溯源至纳米几何量国家计量标准装置，解决了微纳米台阶高度量值溯源问题，保障了企业生产产品的可靠性和稳定性，创造了巨大的社会经济效益。

6.2.4 微电子元器件微观形貌特征参数计量

（1）产业需求

无锡某公司是一家专门从事新型电子元器件设计、开发、生产的企业。随着电子产品功能越来越复杂，元器件的特征尺寸越来越小，目前元器件的特征尺寸进入了亚微米以及纳米级，已小于可见光的光波波长，传统的光学显微镜无法观察，需使用纳米级分辨力的电子显微镜进行观察，电子显微镜已成为产品研发、生产中必不可少的测量设备。

电子元器件生产中电子显微镜不仅仅用于表面形貌分析，还常用于观察芯片的剖面来了解电路有几层布线、由哪些元器件组成、组成元器件的各部分的形状和尺寸如何等，都对扫描电子显微镜的测试精度有较高的要求，需定期对电镜进行校准维护，确保测量结果准确稳定，预防因测量结果偏差对产品研发、生产带来不利影响。

（2）应用示范内容

我国微纳米尺寸量值溯源体系处于发展完善阶段，目前可以提供扫描电子显微镜溯源校准的机构非常有限。项目团队在了解了企业的校准需求后，积极完善相关项目校准能力，顺利完成对企业多台扫描电子显微镜的校准服务，保证电镜测量结果准确可靠（图6-12）。

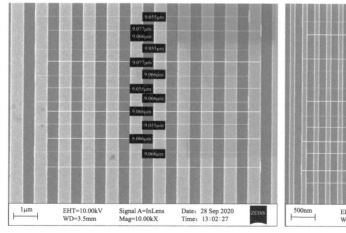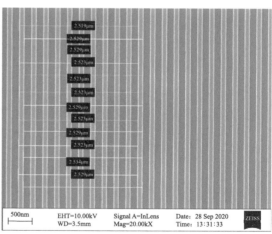

图6-12 利用可溯源的栅格标准器对扫描电子显微镜进行校准

（3）社会经济效益

通过纳米几何特征参量标准器溯源至纳米几何量国家计量标准装置，解决了扫描电子显微镜的测量量值溯源问题，确保生产应用的测量结果准确可靠、国际等效互认，为相关企业提供高精度、便捷可靠的扫描电子显微镜校准服务，满足电子元器件产业的检测应用需求。另外，项目组申请建立了《扫描电子显微镜校准装置》计量标准，有效填补了江苏省相关计量标准空白，解决了产业量值本地溯源问题，为促进相关产业的发展夯实质量基础。

6.2.5　微电子产业金属覆盖层测量量值溯源

(1) 应用背景

中国加入世界贸易组织（WTO），为中国电子元件产业带来了新的发展契机，也使全行业面临参与国际竞争的严峻挑战。我国已成为电子元器件生产大国，同时也是电子元器件的消费大国。近年来，中国电子工业持续高速增长，带动电子元器件产业强劲发展。我国已经成为扬声器、铝电解电容器、显像管、印制电路板、半导体分立器件、电连接器等电子元器件的世界生产基地。

电子元器件分类如图 6-13 所示。

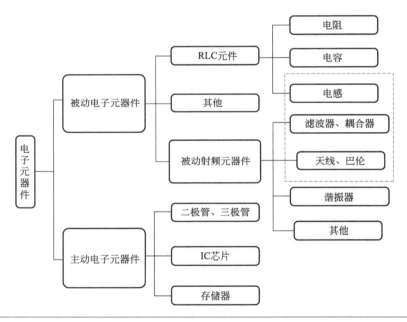

图 6-13　电子元器件分类

电连接器作为电流或信号连接的关键元件，也是工业体系的重要组成部分。大到飞机、火箭，小到手机、电视，它以各种不同形式出现，在电路或其他部件之间架起桥梁，承担着电流或者信号连接的作用。电连接器除了满足一般的性能要求外，特别重要的要求是电连接器必须达到接触良好，工作可靠，维护方便，其中工作可靠与否涉及整个主机系统的安危。为此，主机电路对电连接器的质量和可靠性有严格的要求。普通金属镀层可以保护连接器不易被氧化和硫化，在一定程度上提高力学性能和耐磨性。贵金属镀层则能起到优化连接器电气性能的作用，建立和维持稳定的连接器阻抗。薄处镀层孔隙率高，很容易产生点状锈蚀，继而锈点增大，形成连片锈蚀，失去保护作用。因此，电沉积时镀层厚度在镀件表面的分布越均匀越好。

电解测厚仪是采用阳极溶解库仑法对电镀层厚度进行测试的一种仪器，广泛应用于电子元器件的表面镀层厚度检测。电解测厚仪不但覆盖上一代电解测厚仪的功能与测量范围，而且增加了可测镀种的范围（如铟、锆、钛、氧化钛、氧化锆、镍 - 磷合金、铜 - 锌 - 锡合金、铝等），解决了许多技术难题，从而充分发挥库仑测厚仪的技术优势，最大限度地获取全面信息，为电镀层的质量保证与提高提供了科学依据。

（2）产业需求

对电解测厚仪的计量校准服务，是对电子元器件镀层厚度检测的保障基础。作为计量检测机构，针对电解测厚仪，设计出检测计量方案，为电子元器件的镀层厚度保驾护航；为山东精工电子科技有限公司、深圳市置华机电设备有限公司等企业的库仑测厚仪提供校准计量服务，为其准确测量电子产品及元器件的镀层厚度提供技术支撑，避免镀层太薄达不到技术指标而失去保护效果，或因镀层太厚造成的资源浪费（尤其是贵金属）以及镀层不均影响镀层的质量。然而，由于国内相关领域技术落后于国外，电解测厚仪的定期校准主要由设备厂商完成，这一过程周期长且费用高，国内的电连接器生产商迫切希望能够在国内进行相关校准。国内计量机构需建立准确统一的量值溯源体系，解决企业急需的技术服务。

（3）应用示范内容

针对电子产品及元器件的镀层膜厚检测，本课题采用电解标准片作为标准器，针对产业实际情况定制膜厚校准方法，具体提供以下解决方案（图 6-14）：

① 对于电解测厚仪，我们建立了重复性 5% 和相对示值误差 ±10% 的计量标准，满足客户需求；

② 为客户制定膜厚校准方案，将测试周期控制在一周内，对于特殊情况将校准周期缩短在三天内，大大缩短了校准周期，降低了成本。

图 6-14　镀层膜厚检测

（4）社会经济效益

中国作为全球电子元器件集散地及制造大国，建立计量标准，研制电解标准片，研究电解测厚仪校准技术，使原本依赖于国外溯源的量值统一溯源至国家计量标准，是我国应有的担当；通过关键参数准确计量，缩短研发周期，保障产品质量，支持电子元件的产业发展。

6.3 ▶ 失效分析领域

可靠性是衡量集成电路元器件质量的一个重要指标，同时也是航天电路产品和军用武器装备集成化、高密度化和轻量化发展的基本保证。一个由多元器件组装形成的整机系统只要出现一个元器件失效，就会导致整个系统发生故障，进而造成损失。而随着芯片集成化程度提高、电路规模扩大以及复杂程度的增加，失效分析逐渐成为集成电路产业中系统性较强、综合度较高的重要工作之一。

作为减少设计缺陷、缩短生产周期、优化制造工艺和提高产品良率必不可少的技术手段，失效分析通过一系列理化试验、功能测试、电性能测试以及镜检测量等步骤确定产品失效部位与失效模式，并进一步在机理分析基础上为器件厂家提供改进建议从而实现产品合格率、可靠性的稳步提升。目前在半导体制造工艺流程中，为保证产品稳定性、有效性、一致性等诸多要求，需要借助各种纳米测量设备对特定类型的微小缺陷进行有效检测，此过程不仅对元器件隐患排除、故障定位和机理分析起重要作用，同时也可以从根本上探索电路产品在设计研发、生产制造等过程中环境条件、应力及时间等因素对失效所产生的影响，进一步为相关人员的研究分析提供科学依据。

扫描电子显微镜（SEM）作为失效分析中使用率最高的大型电子显微成像系统，其大景深、高倍率特点常被用在金相结构、显微断口观测及参数测量等过程，因此，构建完善的纳米量值传递体系实现微纳尺度测量仪器的精确计量对失效分析过程具有重要意义。

本节概述了在失效分析领域课题组协助相关企业利用 SEM 进行元器件和 PCB 镜检的3 个典型案例，基于"计量促质量"的思想充分显示了课题在稳定生产流程、控制工艺质量等方面的积极作用。

6.3.1 助力印制电路板失效分析检测

（1）产业需求

广州某公司作为中国规模最大的印制电路板（PCB）样板、快件和小批量板的设计与制造企业，为国内外高科技企业和科研单位提供各类产品服务，企业的 PCB 制造集中以10 层以上产品为主，最高可达 40 层，月产品种数在 10000 以上，是一家非常有影响力的微电子制造企业。

企业生产的柔性 PCB 与封装基板如图 6-15 所示。

图6-15 企业生产的柔性 PCB 与封装基板

由于在生产中涉及大量的线路排布设计、多层分布连接等工艺，需要对不同形式的 PCB 进行工艺优化分析检测，对存在问题的不良品进行制造工艺分析，对使用失效件进行问题原因解析（图 6-16）。企业研发中心配有大量的分析检测仪器，其中扫描电子显微镜、激光共聚焦显微镜是微观尺寸检测的关键仪器设备。

(a) 爆板/分层/起泡/表面污染

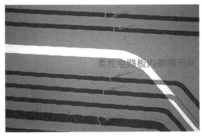

(b) 开路、短路

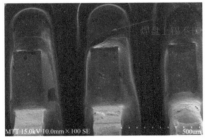

(c) 焊接不良：焊盘上锡不良、引脚上锡不良

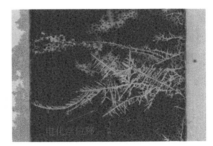

(d) 腐蚀迁移：电化学迁移

图6-16 PCB 的失效分析形式

(2) 应用示范内容

广州计量检测技术研究院多年来为广州兴森快捷电路科技股份有限公司提供微纳米参量的计量校准服务，为研发中心的几台扫描电子显微镜、激光共聚焦显微镜提供量值溯源服务，并保持与广州计量检测技术研究院的扫描电镜进行测样量值比对，从而保障测量仪器设备的量值准确可靠。

产品质量是企业的生命线，2019 年企业在检测过程中发现产品的测量数据存在问题，但不确定是测量仪器问题还是产品质量问题，于是联系仪器厂家检修，但由于设备厂家的维修服务需要排期，而产线上的产品不断生产，为尽量减少生产过程出现批次差异，检测人员希望尽快确认检测结果的准确性，检测实验室的人员联系到广州计量检测技术研究院，希望尽快安排检测，确保检测数据的准确性。在得知企业需求后，计量院第一时间安排企业的扫描电镜与计量院的扫描电镜进行一次标样的比对测试。经过仔细的标样比对测试，发现设备的测量标尺误差存在偏离。为保障仪器的正常使用，计量院的工程师通过与厂家工程师的沟通确认，对扫描电镜的测量标尺进行了重新标定，最终顺利保证了扫描电子显微镜测量数据的准确度，对企业生产流程工艺起到稳定作用。实验室平时开展较多的失效件分析，扫描电镜、共聚焦显微镜的测量数据准确性，给失效分析的原因解析判断、生产工艺的质量控制提供准确的测量数据，避免误判而导致工艺的变更或失效原因的误判而给企业带来损失。

（3）社会经济效益

广州某公司建有自己的检测分析实验室，可开展 PCB 的生产质量检测、PCB 故障件的失效分析，通过广州计量检测技术研究院项目组对仪器的校准，保障了量值准确可靠。

6.3.2　提升微纳尺度集成电路产品良率

（1）应用背景

集成电路是支撑经济社会发展的战略性、基础性、先导性产业，是信息社会的基石，对经济社会发展具有重要意义。而对于这项命脉工程，目前我国处于非常被动的地位，芯片市场正处于西方"断供"的外部艰难境界。广东省的集成电路设计领先，消费市场庞大，广东芯片设计产业规模占全国 1/3，已成为全国领先的集成电路设计产业化基地和国内最大的集成电路消费市场。但广东的集成电路制造较为薄弱，生产企业数量较少，并且主要集中在深圳、广州，大都聚焦于晶圆代工环节。其中，广州某公司有一条 12 英寸晶圆生产线，中芯国际在深圳还建有一条已投产的 8 英寸晶圆生产线。近年来，广东也在不断加大研究投入力度，集成电路的设计和封装测试水平在不断提高。但由于集成电路产业投资巨大、技术含量高，华南地区仅处于世界的设计中游阶段、制造的下游阶段。

（2）产业需求

集成电路经过设计、制造、封装、测试后出厂，其制造以及检测要求极高，很多极小量的测量都需要通过仪器设备的精度来保障，如以化合物砷化镓（GaAs）、氮化镓（GaN）和碳化硅（SiC）等为半导体的第二代、第三代半导体，在高频性能、高温性能方面表现出优异特性。而在晶圆基体化学/机械加工表面，其基体材料的外延生长形貌，热氧化层、物理/化学气相淀积层、材料的膜介质层厚度，光掩模形貌及尺寸，微纳刻蚀的沟槽深度、宽度，刻蚀边沿形貌分布情况等，在封装环节，球栅阵列（ball grid array，BGA）封装、芯片级封装（chip scale package，CSP）等焊接位置点形貌尺寸、封装体输入/输出端（焊球、凸点或金属条），产品的尺寸（长、宽、厚度）、焊球间距、焊球数等焊接工艺质量，掺杂层表面形貌及电镀表面形貌均需要微观尺寸量的测量，这些微观量可通过扫描电子显微镜、激光共聚焦显微镜、白光干涉仪、原子力显微镜、台阶仪、椭偏仪等仪器来进行获取和测量。

多层膜结构如图 6-17 所示；晶圆与芯片如图 6-18 所示。

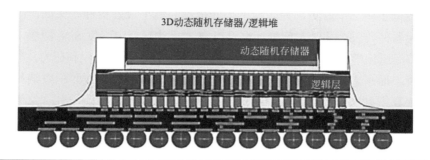

图 6-17　多层膜结构

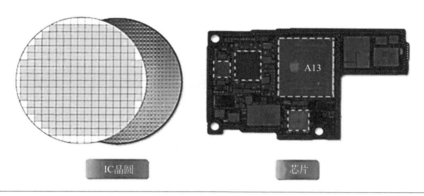

图 6-18　晶圆与芯片

（3）应用示范内容

广东省某研究所围绕硅基集成电路设计、化合物半导体光电器件和功率电子器件开发、装备关键部件国产化以及异构集成等方向开展工作。研究所已建立材料外延、微纳加工、封装应用、分析测试等平台，集成电路产业技术中试能力，是典型的开放性集成电路产业中间载体，可有效连接科研自主创新和企业产业化转化，推动华南地区集成电路产业向前端发展。为保障集成电路研究技术和试制技术水平，广州计量检测技术研究院多年来一直为其提供微纳米检测设备的量值溯源服务，包括原子力显微镜、扫描电子显微镜、台阶测量仪等微纳米测量仪器，从微纳米量值上保障其高端水平，确保了其创新技术自主研发的顺利推进。并通过研究所对产业中存在的测试需求进行延伸，使得微纳米量值服务技术落到实处，为企业带来研究以及试样制造品质保证。例如，基于高温金属有机化学气相沉积（MOCVD）生长 AIN 基宽禁带半导体薄膜技术。薄膜表面形貌的控制是材料生长的关键技术之一，其表面粗糙度通常为亚纳米量级，呈现原子台阶，需要快速、准确地用原子力显微镜扫描表面形貌并测试表面形貌粗糙度，从而对生长参数进行调整。

(4) 社会经济效益

在原子力显微镜纳米量值溯源服务的支持下，结合薄膜形貌和其他参数调控，研究所团队开发的 AlN/ 蓝宝石模版衬底表面粗糙度小于 0.4nm，位错密度为 $4.7 \times 10^7 cm^{-2}$，同诺贝尔奖得主 Amano 课题组制备的材料位错密度水平相当（$4.0 \times 10^7 cm^{-2}$），比其他单位制备的材料位错密度低 1～2 个量级，为国际上公开报道的两个最好指标。又如，广州市某面向军工的电子元器件研发公司，与研究所联合开发大尺寸高介电强度 SiN_x 薄膜，其中一项关键技术是调节低压化学气相沉积（LPCVD）生长参数来控制薄膜形貌和应力，研究所通过扫描电子显微镜、原子力显微镜测量沉积生长形貌，通过台阶仪对大面积微纳尺度表面起伏的准确测试换算得到薄膜应力。在扫描电子显微镜、原子力显微镜、台阶仪等设备量值溯源服务的支持下，相关技术服务目前正顺利实施，已开发出 4 英寸高质量 SiN_x 薄膜，表面粗糙度小于 0.5nm，应力小于 100MPa，取得了良好的效果。近年来，已为全国 21 省市区的高校、科研院所、龙头企业和中小微企业提供了 1000 多次相关的技术服务，通过纳米量值的计量服务，其量值传递辐射到全国各地，帮助研究所取得了良好的经济效益，同时在量值传递上为集成电路生产企业及研究所提供公共社会服务，推动华南地区集成电路产业设计试制的发展水平，具有良好的社会效益。这都是微纳米量值溯源服务的具体体现。

6.3.3 解决锡膏测厚仪溯源问题

(1) 应用背景

近年来，先进制造产业、半导体集成电路产业和纳米材料科学领域迅速发展，微纳几何尺寸的高精度测量需求越来越迫切，尺寸范围从纳米到数百微米。为满足这些需求，锡膏测厚仪等常用的非接触式或接触式表面形貌测量仪器得到广泛应用，以获得样品的表面轮廓和高度。为保证尺寸测量结果的准确、可靠、可溯源，需要对此类设备定期进行校准。

在微电子制造领域，锡膏质量是制约半导体技术发展的重要环节，锡膏厚度是判断焊接点质量及可靠性的一个重要指标。锡膏厚度偏薄焊接强度不够，会导致零件引用与PCB 连接不够牢固，从而影响后续使用过程中的可靠度；锡膏厚度严重偏薄就会导致虚焊、空焊；若锡膏厚度偏厚，容易造成零件贴装后引脚间短路，从而出现功能性的问题。为保证检测准确，必须对锡膏质量进行检测，只有符合要求的锡膏才能符合生产标准。锡膏测厚仪是检测锡膏印刷质量及其可靠性的重要检测设备，因此，锡膏测厚仪（分辨力 100nm～1μm，测量范围 ≤ 600μm）测量结果的准确与否是检验锡膏质量的关键因素。2019 年中国 PCB 行业产值达 280.8 多亿美元，长三角和珠三角两个地区的 PCB 产值占中国大陆总产值的 90% 左右，锡膏测厚仪的计量校准存在巨大的市场。

锡膏测厚仪测量锡膏界面如图 6-19 所示。

锡膏测厚仪本身的计量性能需要通过周期测试和校准才能确认。目前，市面上锡膏测厚仪按原理主要分为三角测量法和莫尔轮廓测量法。测试原理不同，对校准仪器的标准器要求不同。如部分锡膏测厚仪通过 CCD 获得激光束与线路板形成的断差从而计算得到锡膏高度与线路板底面形成的高度差，需要测量样品表面形成漫反射。而部分标准器选用金

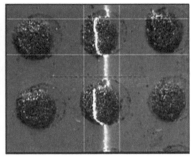

图 6-19　锡膏测厚仪测量锡膏界面

属量块，表面由于精密加工呈现镜面，导致 CCD 无法观测到激光束或观测到的光亮度很低，无法在电脑成像。且由于测量仪器使用环境比较复杂，大多数的标准器由于是金属，长期使用后表面难免生锈，影响测量结果的准确性。目前，国内还未颁布针对锡膏测厚仪的校准规范或检定规程，无校准规范可循。为准确评价锡膏测厚仪的计量性能，研制市场应用范围广的标准器并制定合理的校准规范显得尤为迫切。

激光在锡膏和量块表面成像对比如图 6-20 所示。

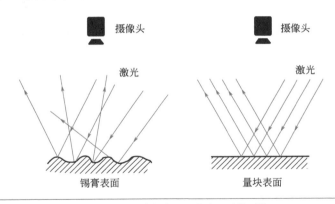

图 6-20　激光在锡膏和量块表面成像对比

(2) 应用示范内容

① 标准器的研制。针对金属量块标准器表面不能形成漫反射，导致无法成像的问题，自主研制了微纳米台阶高度样板，对量块进行氧化发黑处理，使得微纳米级台阶高度样板表面具有漫反射特征，满足锡膏测厚仪等激光非接触式及其他类型扫描形式测量仪器的校准需求，其台阶高度范围 500nm ～ 40μm，测量面粗糙度 ≤ 300nm，平面度 ≤ 500nm，平行度 ≤ 600nm，确保不同位置台阶高度均匀性，减小在台阶测量面上不同位置测出的台阶高度的测量误差。同时黑色氧化防护层能够减少环境温湿度变化对样板的腐蚀，确保校准测量结果的准确性。使用接触式干涉仪、纳米坐标测量机测量微纳米级台阶高度样板，对不同高度的凸台进行量值标定，确保量值溯源到国家基准。

微纳米级台阶高度样板的结构示意图见图 6-21，微纳米级台阶高度样板校准图片见图 6-22。

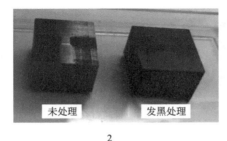

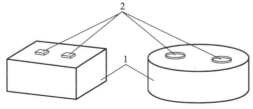

图 6-21　微纳米级台阶高度样板的结构示意图

1—基座；2—台阶

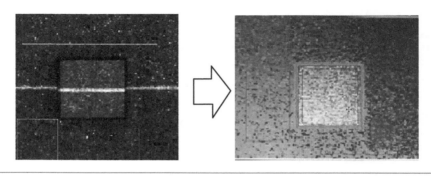

图 6-22　微纳米级台阶高度样板校准图片

② 校准方法研究及技术规范制定。分析研究市场上常用的锡膏测厚仪的计量特性指标，明确校准项目及校准方法。在覆盖被校仪器量程的范围内选择 3 ～ 5 点作为测量点，选取相应高度值的标准台阶块。在每个标准台阶块有效区域内，分别在同一测量区域相邻位置处重复测量 10 次并记录仪器示值，取平均值作为测量结果，从而得到厚度测量示值误差。目前已完成国家计量技术规范《锡膏厚度测量仪校准规范》报批稿。

③ 用溯源过的微纳米台阶高度样板，对产业中 10 家企业开展示范应用，对 11 台不同厂家不同型号的锡膏测厚仪进行校准，统一溯源到国家计量基准，确保锡膏厚度的准确测量。

此外，微纳米台阶高度样板还可以用于台阶仪等接触式表面形貌测量仪器的校准，确保测量结果准确可溯源。该校准装置有望替代进口标准器，实现市面上大部分的非接触式或接触式表面形貌测量仪器的校准国产化。

（3）社会经济效益

通过研制校准用标准器并制定校准规范，解决了半导体封装过程中检测锡膏厚度的锡膏测厚仪无校准规范可依的问题，统一了溯源途径，为锡膏质量的准确检测提供了质量保障，保障了半导体技术生产的重要环节，大大降低了半导体产品的不良率，减少了企业的亏损，预计为长三角和珠三角两个地区微电子企业减少亏损达 3 亿美元。

该套校准装置可广泛用于半导体生产制造、微纳加工和测量相关的研究和生产领域，形成了自主知识产权，申请发明专利 1 项。目前科技成果已成功转化给三家计量院所，以点概面，逐步完善长三角和珠三角等微电子企业密集地区的纳米量传体系，为相关企业提供计量技术支撑。

参考文献

[1] 白春礼. 纳米科技及其发展前景[J]. 科学通报，2001, 46 (2):89-92.

[2] 尤政，梁晋文. 纳米计量技术[J]. 计量技术，1995 (11):2-4.

[3] 高思田，王春艳，叶孝佑，等. 纳米技术与纳米计量[J]. 现代计量测试，2001(1):3-12.

[4] 同思. 面向二十一世纪的思考（之一）——关于量传体系和检定方式的改革[J]. 中国计量，1997, (11):36.

[5] 高健强. 计量测试技术的前世今生[J]. 张江科技评论，2020(5):80-85.

[6] 李同保. 纳米计量与传递标准[J]. 上海计量测试，2005, 32(1):8-13.

[7] 李源. 计量技术支撑微纳米科技未来发展[J]. 张江科技评论，2020(5):42-43.

[8] 杨先碧，阮慎康."看见了"表面原子的人——兼述扫描隧道显微镜发展简史[J]. 大学化学，1999(3):61-64.

[9] 高思田，宋小平，李琪，等. 国家纳米计量标准体系的初步建立[J]. 计量学报，2014, 35(增刊1):1-5.

[10] 高思田，杜华，卢明臻，等. 量值溯源与纳米几何量计量国际比对[C]. 第一届全国纳米材料与结构检测与表征研讨会论文集，2008:17-18.

[11] 黄先奎. 纳米计量标准的发展现状与趋势[J]. 测试技术学报，2021, 35(5):386-391.

[12] Binnig G, Rohrer H. Scanning tunnelling microscopy [J]. Helv Phys Acta. 1982,55:726.

[13] 黄文浩，陈宇航，党学明. 基于SPM技术的表面纳米计量[J]. 微纳电子技术，2004, 41(1):1-9,25.

[14] 白春礼. 扫描探针显微镜技术[J]. 物理通报，1995, 10:1-4.

[15] 曾召利，张书练. 精密测量中的纳米计量技术[J]. 应用光学，2012, 33(5):846-854.

[16] 李伟，高思田，卢明臻，等. 计量型原子力显微镜的位移测量系统[J]. 光学精密工程，2012, 20(4):796-802.

[17] 李伟，高思田，李琪，等. 一种旋转平台及多倍程平面干涉角度测量系统：CN108917655A[P]. 2018-11-30.

[18] 高思田，李琪，施玉书，等. 我国微纳几何量计量技术的研究进展[J]. 仪器仪表学报，2017, 38(8):1821-1829.

[19] 匿名. 1953年诺贝尔物理学奖——弗里茨·塞尔尼克因论证相衬法及发明相衬显微镜[J]. 医疗装备，2018, 31(6):206.

[20] 陈仁政. 显微镜发展简史[J]. 世界发明，1997(12):2.

[21] 施玉书. 毫米测量范围纳米几何特征尺寸计量标准装置关键技术研究[D]. 天津：天津大学，2019.

[22] 施玉书，张树，连笑怡，等. 毫米级纳米几何特征尺寸计量标准装置多自由度激光干涉计量系统[J]. 计量学报，2020, 41(7):769-774.

[23] 卢明臻，高思田，金其海，等. 一种用于纳米计量的原子力显微镜测头的设计[J]. 中国计量学院学报，2006, 17(3): 178-181.

[24] 崔建军，高思田. 基于X射线掠射法的纳米薄膜厚度计量与量值溯源研究[J]. 物理学报，2014, 63(6): 060601.

[25] 陈治，高思田，卢明臻，等. 利用计量型原子力显微镜进行纳米台阶高度测量[J]. 纳米技术与精密工程，2008, 6(4): 288-292.

[26] 杨惠霞. 小型化扫描近场荧光显微镜的研制及应用研究[D]. 北京：中国科学院大学，2017.

[27] 金玮. 计量型紫外显微镜位移溯源及线宽成像测量技术研究[D]. 浙江: 中国计量大学, 2019.

[28] 高金阳, 高思田, 董明利, 等. 计量型紫外显微镜实时焦点及倾角测量算法的研究[J]. 计量学报, 2017, 38(6): 667-670.

[29] 尹传祥, 高思田, 赵贤云, 等. 计量型紫外显微镜微纳米线宽测量技术的研究[J]. 计量学报, 2015, 36(6): 575-578.

[30] 李琪, 李伟, 施玉书, 等. 248nm紫外显微镜微纳线宽校准方法的研究[J]. 计量学报, 2015, 36(1): 6-9.

[31] Bienias M, Hasche K, Seemann R, 等. 计量型原子力显微镜[J]. 计量学报, 1998, 19(1): 1-8.

[32] 孙淼, 黄鹭, 高思田, 等. 多角度动态光散射法的纳米颗粒精确测量[J]. 计量学报, 2020, 41(5): 529-537.

[33] 林之东, 高思田, 黄鹭, 等. 用于双探针原子力显微镜的定位平台的设计及实验验证[J]. 计量学报, 2020, 41(11): 1321-1326.

[34] 张明凯, 高思田, 卢荣胜, 等. 紫外扫描线宽测量系统的研究[J]. 红外与激光工程, 2015(2): 625-631.

[35] 张华坤, 高思田, 卢明臻, 等. 双探针原子力显微镜视觉对准系统[J]. 光学精密工程, 2014, 22(9): 2399-2406.

[36] 崔建军, 高思田, 邵宏伟, 等. X射线衍射仪角度校准的光学新方法[J]. 天津大学学报, 2014, 47(8): 747-752.

[37] 卢明臻, 高思田, 杜华, 等. 计量型原子力测头模型研究及性能分析[J]. 纳米技术与精密工程, 2007, 5(1): 33-37.

[38] 周奇, 刘炳锋, 连笑怡, 等. 大范围二维纳米位移台的控制及非线性校准的实验研究[J]. 计量学报, 2018, 39(6): 771-776.

[39] 郭鑫, 施玉书, 皮磊, 等. Mirau干涉型微纳台阶高度测量系统的研究[J]. 计量学报, 2017, 38(2): 141-144.

[40] 刘雷华, 郭彤, 李伟, 等. 基于石英音叉探针的原子力显微镜测头开发[J]. 计量学报, 2016, 37(3): 225-229.

[41] 张瑞军, 高思田, 李伟, 等. 计量型扫描电子显微镜测控系统研究[J]. 计量学报, 2016, 37(5): 457-461.

[42] 张华坤, 高思田, 李伟. 原子力显微镜的双探针接触测量研究[J]. 计量学报, 2016(1): 1-5.

[43] 郑志月, 施玉书, 高思田, 等. 高精度电容式位移传感器校准方法的研究[J]. 计量学报, 2015, 36(1): 14-18.

[44] 缪琦, 高思田, 李伟, 等. 计量型扫描电镜及测量不确定度分析[J]. 计量学报, 2014, 35(6A): 49-53.

[45] 李庆贤, 高思田, 李伟, 等. 基于HSPMI的激光干涉位移校准系统的构建及实验研究[J]. 计量学报, 2013, 34(6): 519-523.

[46] 施玉书, 高思田, 卢明臻, 等. 单频激光干涉仪条纹的偏振移相细分技术[J]. 计量学报, 2009, 30(5A): 5-8.

[47] 施玉书, 高思田, 卢明臻, 等. 多倍程激光干涉仪光路几何特性分析[J]. 计量学报, 2008, 29(4A): 43-47.

[48] 高思田, 杜华, 卢明臻, 等. 利用计量型原子力显微镜进行两维纳米格栅的测量[J]. 计量学报, 2006, 27(增刊1): 6-10.

[49] 高思田, 赵克功, 王春艳. 计量型原子力显微镜的非线性误差及轴间耦合误差的校准[J]. 仪器仪表学报, 1999, 20(5): 441-445.

[50] 张树, 施玉书, 高思田, 等. 计量型白光干涉显微镜干涉图像处理技术[C]. 2017全国几何量精密测量技术学术交流会论文集, 2017: 80-84.

[51] 王鹤群, 李伟, 李琪, 等. 用于线宽测量的双探针原子力显微镜[J]. 计量学报, 2017, 38(6A): 18-24.

[52] 常旭, 高思田, 施玉书, 等. 用于紫外光学显微镜的二维纳米位移台的设计及实验验证[J]. 计量学报, 2017, 38(6A): 29-34.

[53] 殷伯华, 徐哲, 文良栋, 等. 计量型扫描电子显微镜成像方法研究[C]. 2012年全国电子显微学学术会议论文集, 2012: 118-119.

[54] 国家纳米科学中心系列纳米台阶高度标准物质研究获进展[J]. 化工新型材料, 2011, (12): 140.

[55] 施玉书, 李伟, 余茜茜, 等. 基于原子力显微术的5nm台阶高度标准物质溯源与定值技术研究[J]. 仪器仪表学报, 2020, 41(3): 79-86.

[56] Wang C, Pu J, Li L, et al. Effect of the different substrutes and the film thickness on the surface roughness of step structure[C]. 2021 IEEE 16th International Conference on Nano/Micro Engineered and Molecular Systems (NEMS), IEEE, 2021.

[57] 马蕊, 马艳, 邓晓, 等. 基于AFM氮化硅探针刻蚀方法制作聚碳酸酯纳米光栅[J]. 纳米技术与精密工程, 2014, 12(5): 320-327.

[58] Zhang Y , Ren W , Niu G , et al. Atomic layer deposition of void-free ZnFe$_2$O$_4$ thin films and their magnetic properties[J]. Thin Solid Films, 2020, 709: 138206.

[59] 黄玉清，郭钞宇，王钦，等．利用超快扫描隧道显微镜研究原子尺度上的电荷动力学[J]. 科学通报，2020, 65(24): 2535-2537.

[60] 葛威锋，王纪浩，侯玉斌，等．简单紧凑高刚性扫描隧道显微镜的研制[J]. 化学物理学报，2018, 31(5): 731-734.

[61] 王学慧，程协，曾红．扫描隧道显微镜钨针尖的制备与表征[J]. 微纳电子技术，2020, 57(4): 333-338.

[62] 谢彩霞，李金霏．技术工具对科学发展促进作用的计量研究——以扫描隧道显微镜技术为例[J]. 河南师范大学学报（哲学社会科学版），2017, 44(3): 95-101.

[63] 郦盟，徐春凯，陈向军．用于扫描探针电子能谱仪的扫描隧道显微镜[J]. 真空科学与技术学报，2016, 36(11): 1320-1324.

[64] 姚钢，刘灿华，贾金锋．基于扫描隧道显微镜的原位表征技术[J]. 电子显微学报，2018, 37(5): 408-413.

[65] 季宏丽，孙宏君，裘进浩，等．扫描隧道显微镜扫描器的迟滞非线性控制[J]. 振动·测试与诊断，2017, 37(2): 221-227, 398.

[66] 葛威锋．低温扫描隧道显微镜的研制与应用[D]. 合肥：中国科学技术大学，2018.

[67] 施玉书，张树，曹丛．"纳米几何特征参量计量标准器研究及应用示范"项目获"国家质量基础的共性技术研究与应用"重点专项支持[J]. 中国计量，2018(12): 51-53.

[68] ElMelegy A, Zahwi S. 光学原子力显微镜中的蒙特卡罗方法[J]. 测试科学与仪器，2021, 12(3): 267-271.

[69] 张薇，侯夒，李楠，等．基于原子力显微镜的单分子力谱技术在高分子表征中的应用[J]. 高分子学报，2021, 52(11): 1523-1545.

[70] 魏征．轻敲式原子力显微镜环境阻尼研究[C]. 北京力学会第26届学术年会，2020: 3.

[71] 孙振山．基于新型音叉探针的原子力显微镜系统开发与应用研究[D]. 天津：天津大学，2019.

[72] 刘璐，吴森，胡晓东，等．X轴分离式高速原子力显微镜系统设计[J]. 光学精密工程，2018, 26(3): 662-671.

[73] 肖莎莎．面向晶圆计量的探针扫描式原子力显微镜系统研究[D]. 天津：天津大学，2019.

[74] 赵田锋，许红梅，李岩，等．原子力显微镜的分数阶PID控制设计[J]. 电子测量与仪器学报，2021, 35(5): 91-99.

[75] 常诞，马宗敏，魏久焱，等．原子力显微镜高精度微动扫描平台的设计[J]. 微纳电子技术，2020, 57(11): 911-917.

[76] 闫孝姮，孔繁会，邵永健，等．非共振轻敲模式原子力显微镜的研究[J]. 仪器仪表学报，2020, 41(2): 70-77.

[77] 彭继慎，海东琦，胡善华，等．原子力显微镜中PID参数最优控制策略研究[J]. 控制工程，2021, 28(6): 1130-1135.

[78] 刘存桓，方勇纯，樊志，等．基于原子力显微镜动力学模型的新型接触式扫描成像策略[J]. 控制理论与应用，2019, 36(11): 1920-1928.

[79] 王方雨，孙强，戴明，等．反射式激光共聚焦显微镜性能变尺度评价方法[J]. 红外与激光工程，2019, 48(3): 203-208.

[80] 薛腾，叶仙，胡洁．激光扫描共聚焦显微镜弱荧光成像控制方法研究[J]. 电子显微学报，2019, 38(2): 118-124.

[81] 崔建军，杜华，朱小平，等．3D激光扫描共聚焦显微镜计量特性分析及测试[J]. 红外与激光工程，2018, 47(8): 290-297.

[82] 许佳玲，罗剑文，龙钊，等．ZEISS LSM 780激光扫描共聚焦显微镜的三维成像及分析[J]. 电子显微学报，2018, 37(1): 71-76.

[83] 杜晨辉，龚亮，蔡小勇，等．计量型扫描电子显微镜成像的微纳米级振动[J]. 光学精密工程，2019, 27(4): 860-867.

[84] 陈彩云，刘进行，张小敏，等．扫描电子显微镜法测定金属衬底上石墨烯薄膜的覆盖度[J]. 物理学报，2018, 67(7): 250-257.

[85] 陈嘉树，海广田，范宏裕，等．磁力显微镜图像量化分析方法的研究[J]. 电子显微学报，2019, 38(4): 376-383.

[86] 曹永泽，赵越．交变力磁力显微镜：在三维空间同时观测静态和动态磁畴[J]. 物理学报，2019, 68(16): 359-364.

[87] 冯启元．极端条件下高灵敏磁力显微镜的研制及应用[D]. 北京：中国科学技术大学，2018.

[88] 李正华，马晓丽，李翔．接近表面磁力显微镜成像方法的研究[J]. 电子显微学报，2016, 35(1): 1-8.

[89] 范昭．静电力显微镜测量掺杂原子分布[D]. 上海：上海交通大学，2016.

[90] 时金安, 胡书广, 夏艳, 等. 单色球差校正扫描透射电子显微镜的实验室设计[J]. 电子显微学报, 2020, 39(6): 715-721.

[91] 健男, 尹美杰, 张熙, 等. 高分辨透射电子显微镜的原位实验综述[J]. 深圳大学学报（理工版）, 2021, 38(05): 441-452.

[92] 刘玄玄, 国洪轩, 徐涛, 等. 原位液相透射电子显微镜及其在纳米粒子表征方面的应用[J]. 物理学报, 2021, 70(8): 138-152.

[93] 王越, 胡鹏程, 付海金, 等. 外差激光干涉仪周期非线性误差形成机理与补偿方法[J]. 哈尔滨工业大学学报, 2020, 52(6): 126-133.

[94] 金涛, 唐一揆, 乐燕芬, 等. 一种单频激光干涉仪非线性误差修正方法研究[J]. 计量学报, 2020, 41(6): 676-681.

[95] 蒋晓耕, 王量, 刘畅. 激光干涉仪检测光路的快速校准方法[J]. 机床与液压, 2020, 48(2): 22-27.

[96] 张埔榛. 基于单频激光干涉仪的振动测量技术研究[D]. 北京: 中国科学院大学（中国科学院上海技术物理研究所）, 2018.

[97] 刘俊亨, 孙双花, 田明, 等. 基于激光干涉仪的位移传感器标定技术研究[J]. 计量学报, 2017, 38(增刊1): 85-88.

[98] 王冬. 基于拍频F-P干涉法的激光干涉仪非线性误差测量研究[D]. 天津: 天津大学, 2019.

[99] Tong G, Gz A, Dt C, et al. High-accuracy simultaneous measurement of surface profile and film thickness using line-field white-light dispersive interferometer[J]. Optics and Lasers in Engineering, 2021, 137: 106308.

[100] 胡捷, 高志山, 袁群, 等. Mirau型白光干涉仪参考板倾斜误差容限分析[C]. 中国光学学会光学测试专业委员会, 2018.

[101] 刘乾, 袁道成, 何华彬, 等. 白光干涉仪传递函数的成因分析及其非线性研究[J]. 红外与激光工程, 2017, 46(06): 20-25.

[102] 李慧鹏, 赵庆松, 李豪伟, 等. 白光干涉法微观台阶测量[J]. 半导体光电, 2019, 40(2): 252-255.

[103] 冯辉, 韦博鑫, 刘鲁生, 等. 白光干涉仪在金属材料表面测试中的应用研究[J]. 光学与光电技术, 2020, 18(6): 80-85.

[104] 贾鹏飞. 激光共聚焦和双光子显微镜对细胞的成像及植物细胞的研究[D]. 兰州: 兰州大学, 2010.

[105] 汤凤林, 段隆臣, 潘秉锁, 等. 低温氮、磁化综合处理钻头使用性能提高的X射线和电子显微技术分析研究[J]. 探矿工程（岩土钻掘工程）, 2019, 46(4): 80-87.

[106] 田志宏, 张秀华, 田志广. X射线衍射技术在材料分析中的应用[J]. 工程与试验, 2009, 49(3): 40-42.

[107] 陈卫红, 刘柳絮, 刘润芝, 等. 基于X射线衍射仪的多晶体粉末样品物相实验分析[J]. 黑龙江科技信息, 2016(28): 106-107.

[108] 王新, 徐捷, 穆宝忠. 晶体的X射线衍射谱仿真与实验研究[J]. 实验室研究与探索, 2021, 40(2): 34-37.

[109] 夏健霖. X射线衍射增强成像中的信号偏差研究[D]. 合肥: 合肥工业大学, 2020.

[110] 姜其立, 刘俊, 帅麒麟, 等. 一种微束X射线衍射仪及其应用研究[J]. 原子能科学技术, 2020, 54(5): 876-881.

[111] 段泽明, 姜其立, 刘俊, 等. 毛细管X光透镜聚焦的微束能量色散X射线衍射分析的研究[J]. 光学学报, 2018, 38(12): 418-422.

[112] 陈宜方. X射线衍射光学部件的制备及其光学性能表征[J]. 光学精密工程, 2017, 25(11): 2779-2795.

[113] 胡国行, 单尧, 贺洪波, 等. 椭偏仪测量超薄膜层的精度提升方法和装置: CN106403830A[P]. 2017-02-15.

[114] 季鹏, 杨乐, 陈鲁, 等. 聚焦位置对光谱椭偏仪膜厚测量的影响[J]. 半导体技术, 2021, 46(10): 819-823.

[115] 孟泽江, 李思坤, 王向朝, 等. 穆勒矩阵成像椭偏仪误差源的简化分析方法[J]. 光学学报, 2019, 39(9): 148-159.

[116] 韩志国, 李锁印, 赵琳, 等. 一种光谱型椭偏仪的校准方法[J]. 中国测试, 2017, 43(12): 1-6.

[117] 曾爱军, 胡仕玉, 袁乔, 等. 成像椭偏仪的系统参数校准方法: CN104535500A[P]. 2015-04-22.

[118] 刘玉龙. 椭偏仪校准方法研究[D]. 北京: 中国计量科学研究院, 2014.

[119] 张泽瑞, 黄鹭, 高思田, 等. 基于FPGA高速信号采集的多角度动态光散射法纳米粒径测量[J]. 计量学报, 2021, 42(4): 438-444.

[120] 杨莉, 马银行, 金娟, 等. 基于可视化粒子追踪和图像动态光散射技术的原位纳米气泡粒径测量[J]. 东南大学学报, 2021, 37(3): 237-244.

[121] 王雅静，黄钰，申晋，等．角度加权对动态光散射信号噪声影响的抑制作用 [J]．光学精密工程，2020, 28(4): 808-816.

[122] 陈远丽，Briard P，蔡小舒．基于图像动态光散射的二维纳米颗粒粒度测量 [J]．光学学报，2019, 39(6): 173-179.

[123] 王雪敏，申晋，徐敏，等．多角度动态光散射角度误差对权重估计的影响 [J]．红外与激光工程，2018, 47(10): 327-333.

[124] 汤祝熙．动态光散射数据采集与处理实验研究 [D]．武汉：华中科技大学，2017.

[125] 张帆．基于纳米粒子动态光散射技术的离子与小分子的检测研究 [D]．上海：上海师范大学，2018.

[126] 徐敏，申晋，黄钰，等．基于颗粒粒度信息分布特征的动态光散射加权反演 [J]．物理学报，2018, 67(13): 293-307.

[127] Groot P D, Lega X, Grigg D. Step height measurements using a combination of a laser displacement gage and a broadband interferometric surface profiler[C]. Interferometry XI: Applications. Zygo Corporation, Middlefield, 2002.

[128] Zhang J, Liu L, Meng W, et al. New Design for Inertial Piezoelectric Motors[C]. APS March Meeting 2019, American Physical Society, 2019.

[129] Civita D, Kolmer M, Simpson G J, et al. Control of long-distance motion of single molecules on a surface[J]. Science, 2020, 370(6519): 957-960.

[130] 赵春花．原子力显微镜的基本原理及应用 [J]．化学教育，2019, 40(4): 10-15.

[131] Hou J C, Masaki T, Zhang H D, et al. Characterization of organic friction modifiers using lateral force microscopy and Eyring activation energy model[J]. Tribology International, 2023, 178: 108052.

[132] Hu C , Yang L, Lv F , et al. The Evaluation and Research of step profiler about the measurement uncertainty[J]. Journal of Physics Conference Series, 2020, 1678: 012030.

[133] 马金元．铁电薄膜畴结构及畴动力学的透射电子显微学研究 [D]．合肥：中国科学技术大学，2020.

[134] 唐旭，李金华．透射电子显微技术新进展及其在地球和行星科学研究中的应用 [J]．地球科学，2021, 46(4): 1374-1415.

[135] 蔡嵩骅．新颖二维氧化物薄膜与功能器件的原子尺度透射电镜原位研究 [D]．南京：南京大学，2019.

[136] 高学平，张爱敏，张芦元．扫描电子显微技术与表征技术的发展与应用 [J]．科技创新导报，2019, 16(19): 99-103.

[137] 黄丽．单晶和多晶衬底支撑石墨烯的扫描电镜成像表征研究 [D]．哈尔滨：哈尔滨工业大学，2019.

[138] 陈胜．SEM-EDS 技术在表面成分分析中的应用 [D]．杭州：杭州电子科技大学，2015.

[139] 周广荣．低真空扫描电镜技术在材料研究中的应用 [J]．分析仪器，2012(6): 39-42.

[140] 朱小平，王蔚晨，杜华，等．提升探针式台阶仪计量性能的研究与应用 [J]．计量技术，2007(3): 39-41.

[141] 袁会敬，宋忠华，秦旭磊．微压力接触式台阶仪测量误差校正技术研究 [J]．长春理工大学学报（自然科学版），2012, 35(4): 53-55.

[142] 夏豪杰，胡梦雯，张欣．单频激光干涉仪正交信号的高精度处理 [J]．光学精密工程，2017, 25(9): 2309-2316.

[143] 姜一民．激光干涉仪的应用——激光干涉仪技术综述之五 [J]．工具技术，2015, 49(2): 79-85.

[144] 李科．电容测微系统的智能化研究 [D]．唐山：华北理工大学，2015.

[145] 楼森．电容式位移传感器测量系统的研究 [D]．上海：东华大学，2018.

[146] 曹妍．基于膜电极的电容微位移传感器研究与设计 [D]．合肥：合肥工业大学，2019.

[147] 刘宇．微型化数字式电容测微仪的研究 [D]．天津：天津大学，2007.

[148] 汪健．电感测微仪测量电路及数显系统研制 [D]．合肥：合肥工业大学，2018.

[149] 刘敏．双向电感微位移传感技术研究 [D]．哈尔滨：哈尔滨工业大学，2019.

[150] 李业辉，宁致远，薛那森，等．基于电感式传感器的金属颗粒材质识别及粒径估计 [J]．仪器仪表学报，2021, 41(8): 24-33.

[151] 骆彬威，杨尚维．扫描探针显微镜下微纳结构深度测量的校准方法研究 [J]．科技创新与应用，2020(8): 123-124.

[152] 朱建荣，刘娟，王云祥，等．苏州地区纳米产业标准化现状分析与建议 [J]．中国质量与标准导报，2019(3): 50-53.

[153] 郭鑫，王珉，李凤娇，等．基于工业 CT 的医用鲁尔量规内尺寸无损检测 [J]．计量科学与技术，2021(1): 25-28.

[154] 王珉, 唐小聪, 郭鑫. 基于微纳米尺度计量测试仪器的发动机压盘铆钉失效分析[J]. 机械制造与自动化, 2020, 49(5): 31-33, 52.

[155] 唐小聪, 王珉, 郭鑫. 基于微纳米尺度计量测试仪器的组合弹簧断裂失效分析[J]. 计量学报, 2020, 41(12A): 129-134.

[156] 唐莹, 曹丛, 张健, 等. AFM 设定值对测量准确度和探针寿命的影响[J]. 计量学报, 2019, 40(6A): 17-22.

[157] Jia M Q. Measurement of squareness based on error separation and estimation of the uncertainty[C]. 国际测量技术联合会（IMEKO）2017年国际测量技术研讨会, 2017.

[158] Cao C, Zhao D, Peng T, et al. Study on improvement of the accuracy of SEM-EDS quantitative analysis without reference materials [C]. 国际测量技术联合会（IMEKO）2017年国际测量技术研讨会, 2017.

[159] 陈鹰, 周莹, 厉艳君, 等. 高浓度纳米二氧化硅浆料Zeta电位的测量[J]. 理化检验（物理分册）, 2020, 56(11): 19-24,30.

[160] 厉艳君, 吴立敏, 周莹, 等. 生物纳米材料透射电镜样品制备条件研究[J]. 实验室研究与探索, 2021, 40(9): 43-45,56.

[161] 郝玉红, 陈鹰, 周莹, 等. 扫描电子显微镜标准装置在药用玻璃容器脱片研究中的示范应用[J]. 中国计量, 2021(8): 111-113.

[162] 秦凯亮, 饶张飞, 金红霞, 等. 关键尺寸扫描电镜校准及符合性评价技术研究[J]. 宇航计测技术, 2021, 41(4): 13-18.

[163] 韩强, 骆彬威, 张欣宇. 扫描电子显微镜放大倍数示值误差的校准及不确定度评定[J]. 自动化与信息工程, 2021, 42(4): 33-36, 41.

致谢

纳米计量技术的研究是一个长期积累和传承发展的过程，中国计量科学研究院首席计量师高思田研究员作为纳米计量研究的奠基人，三十多年来带领团队攻坚克难，从无到有建立了我国溯源至米定义波长基准的纳米几何结构计量体系，培养了一批纳米计量的科研骨干，支撑了我国纳米计量的高速发展。同时感谢纳米计量研究团队、合作学者以及研究生等，包括但不限于中国计量科学研究院纳米计量团队：李伟、黄鹭、李适、皮磊、卢明臻、李琪、杜华等人，研究生：余茜茜、卜祥鹏、史舟淼、沈飞、阎晗、郑志月、黄涵、马英瀚等人。此外还感谢全国几何量长度计量技术委员会（MTC2）及纳米几何量计量工作组（MTC2/WG2）、国际计量委员会长度咨询委员会（CIPM/CCL）及纳米工作组（CIPM/CCL/WG-N）等国内外计量组织，以及德国联邦物理技术研究院（PTB）、英国国家物理研究院（NPL）等与我国长期保持学术交流与人员互访的计量技术机构。

本书的面世离不开过去几十年里为我国纳米计量发展做出了实质性贡献的研究团队同仁，西安交通大学蒋庄德院士及其团队，同济大学李同保院士、程鑫彬、邓晓等人，天津大学精仪学院的胡晓东教授等人，哈尔滨工业大学刘俭教授等人，国家纳米科学中心葛广路、王孝平、刘前、高洁等人，中国科学院物理研究所杨海方、顾长志等人，中国科学院电工研究所韩立、殷伯华等人，中国科学院微电子研究所周维虎等人，本书引用的参考文献相关作者，以及全国纳米技术标准化技术委员会（SAC/TC279）及纳米检测技术分技术委员会（SAC/TC279/SC2）、国际标准化组织为纳米技术分技术委员会（ISO/TC229）等国内外标准化组织。

本书的出版得到了科技部国家重点研发计划"国家质量基础的共性技术研究与应用"专项以及项目专业机构中国21世纪议程管理中心的支持。特别感谢"纳米几何特征参量计量标准器研究及应用示范"（2018YFF0212300）项目牵头单位、课题承担单位与参与单位，包括中国计量科学研究院、西安交通大学、西安微电子技术研究所、苏州市计量测试院、上海市计量测试技术研究院、国家纳米科学中心、山东省计量科学研究院、清华大学、中国计量大学、广州计量检测技术研究院、广东省计量科学研究院、重庆市计量质量检测研究院、江苏苏净集团有限公司、南京市计量监督检测院等单位，以及为本书应用案例给予支持和帮助的相关单位和个人。此外，本书的面世还要感谢国家市场监督管理总局与原国家质量监督检验检疫总局等上级主管单位的指导与帮助。

限于著者水平及编写时间，书中存在不足和疏漏之处在所难免，敬请各位专家前辈、学术同仁和读者提出批评和指正意见。

著者